21世纪高等学校计算机规划教材

21st Century University Planned Textbooks of Computer Science

大学计算机应用技术基础实践教程

A Coursebook on Fundamentals Experiment of Computer

闵亮 缪相林 主编

何绯娟 古欣艳 编著

陆丽娜 主审

人 民 邮 电 出 版 社

北 京

图书在版编目（CIP）数据

大学计算机应用技术基础实践教程 / 闵亮，缪相林主编；何绯娟，古欣艳编著. -- 北京：人民邮电出版社，2017.8（2020.1重印）
21世纪高等学校计算机规划教材
ISBN 978-7-115-46373-9

Ⅰ. ①大… Ⅱ. ①闵… ②缪… ③何… ④古… Ⅲ. ①电子计算机－高等学校－教材 Ⅳ. ①TP3

中国版本图书馆CIP数据核字(2017)第209921号

内 容 提 要

本书是《大学计算机应用技术基础教程》的配套实验教材，是对教学内容的必要补充。全书共5章，分别是：Windows 7 基本操作、Word 文字处理、Excel 电子表格、PowerPoint 演示文稿和习题集锦。其中，习题集锦中的习题均选自全国计算机技术与软件专业技术资格（水平）考试 2014～2015 年的真题。

本书内容极具实用性，讲解细致清晰，不仅可以作为高等学校计算机基础课程的实验指导教材，也可以作为计算机初学者的自学参考书。

◆ 主　编　闵　亮　缪相林
编　著　何绯娟　古欣艳
主　审　陆丽娜
责任编辑　张　斌
责任印制　陈　犇

◆ 人民邮电出版社出版发行　北京市丰台区成寿寺路 11 号
邮编　100164　电子邮件　315@ptpress.com.cn
网址　http://www.ptpress.com.cn
北京天宇星印刷厂印刷

◆ 开本：787×1092　1/16
印张：8.25　2017 年 8 月第 1 版
字数：213 千字　2020 年 1 月北京第 6 次印刷

定价：25.00 元

读者服务热线：(010)81055256　印装质量热线：(010)81055316
反盗版热线：(010)81055315
广告经营许可证：京东工商广登字 20170147 号

前　言

随着经济和科技的发展，计算机在人们的工作和生活中已经变得越来越重要，已成为一种必不可少的工具。同时，当今的计算机技术在信息社会中的应用是全方位的，已广泛应用到军事、科研、经济和文化等各个领域。在计算机基础教育中，实践操作是教学的核心环节。读者只有通过有效的上机实践，才能深入理解基本概念，掌握实际操作方法，切实提高计算机应用技能。

本书作为《大学计算机应用技术基础教程》的配套教材，对其内容做了有益的补充，进一步丰富了教学内容。书中设计了大量的范例，并对范例的操作方法进行了翔实的讲解，使教材具有很好的指导性，力求提高学生举一反三、独立解决问题的能力。

本书主要介绍了 Windows 7、Word、Excel、PowerPoint 等实验内容，每一部分内容均有丰富的实验实例做指导。通过实验，读者不仅能够加深对理论知识的理解，而且有助于提高实际操作能力和应用水平。最后一章的习题来自全国计算机技术与软件专业技术资格（水平）考试 2014～2015 年的真题，以便于读者针对国家计算机考试进行相应练习。

本书由西安交通大学城市学院的闵亮、缪相林担任主编，何绯娟、古欣艳也参加了本书的编写。

目　录

第 1 章 Windows 7 基本操作

本章概要

Windows 7 是微软公司继 Windows Vista 系统之后推出的一款操作系统。它是一个多用户、多任务的图形化界面的操作系统，功能强大、操作简单、稳定性高、安全性强，是目前计算机主流的操作系统之一。

本章通过具体案例强化了 Windows 综合应用的各项操作，加深学生对知识点的理解及运用。通过 4 类实验（包含 16 个任务），学生应掌握如下内容。

（1）文件和文件夹的操作。掌握资源管理器的使用，文件和文件夹的创建、更改、删除、复制、移动等，常用文件的类型、命名规则，文件的搜索，文件属性的设置等。

（2）计算机系统环境的设置。掌握显示属性、日期时间、区域等属性的设置，登录账户的设置和管理等。

（3）存储设备的管理。掌握磁盘管理、磁盘清理程序的应用、磁盘碎片的整理、移动设备的使用等。

（4）应用程序的相关操作。掌握应用软件的安装与卸载、程序的运行与结束方式、任务管理器的使用、程序快捷方式的创建等。

实验 1　文件和文件夹的基本操作

实验目的：掌握文件和文件夹的概念和作用，熟悉文件的结构和类型，能够对文件和文件夹进行相应操作，例如：文件和文件夹的创建、浏览、选择、重命名、复制、移动、搜索以及属性的设置等。

任务一　文件和文件夹的创建、更改、删除和压缩

任务描述

在桌面创建一个个人文件夹，将文件夹改名为自己的“班级姓名学号”；在此文件夹中创建 4 个二级文件夹，名称分别为：“word”“excel”“ppt”“game”；在二级文件夹“word”中创建一个名为“计算机作业”的文本文件；注意观察文件及文件夹的路径，删除“game”文件夹，进入桌面上的回收站并还原此文件夹；最终将此“班级姓名学号”文件夹制成压缩文件。

操作步骤

步骤 1：鼠标右键单击桌面空白处，选择“新建”→“文件夹”，如图 1-1 所示。

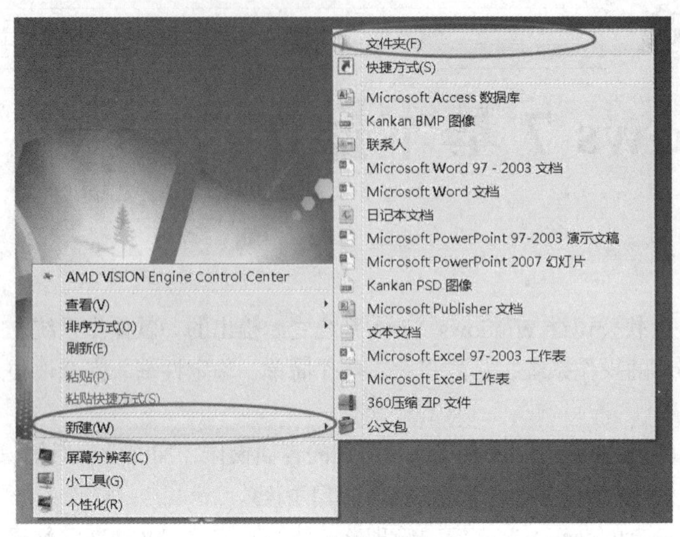

图 1-1 新建文件夹

步骤 2：鼠标右键单击新生成的文件夹，在打开的文件夹操作菜单中选择“重命名”，文件夹的名称处会出现编辑框，此时输入自己的班级姓名学号，此处以“计算机 161 李雷 16010001”代替，如图 1-2 所示。

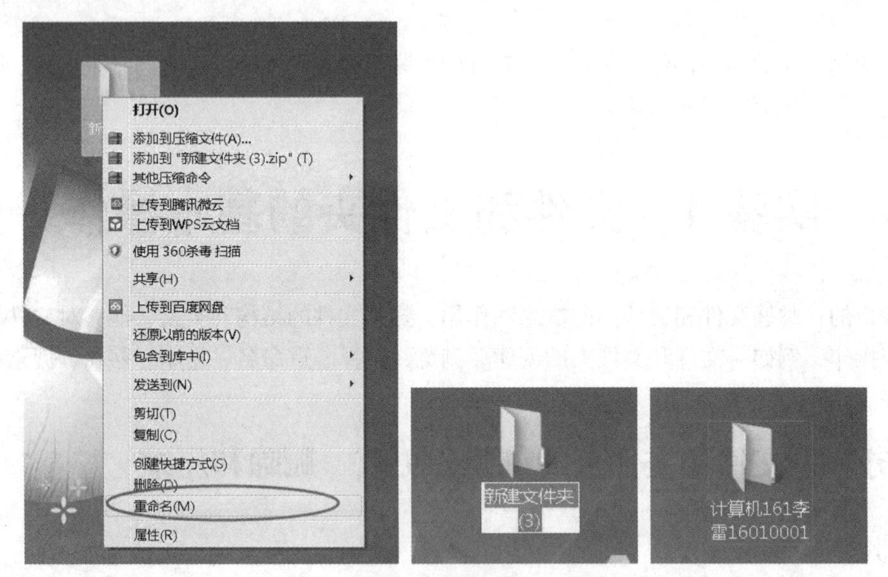

图 1-2 文件夹改名

步骤 3：双击进入改名后的文件夹，在文件夹内部依次创建 4 个文件夹，分别改名为“word”“excel”“ppt”“game”，具体操作方法同步骤 1、步骤 2，如图 1-3 所示。

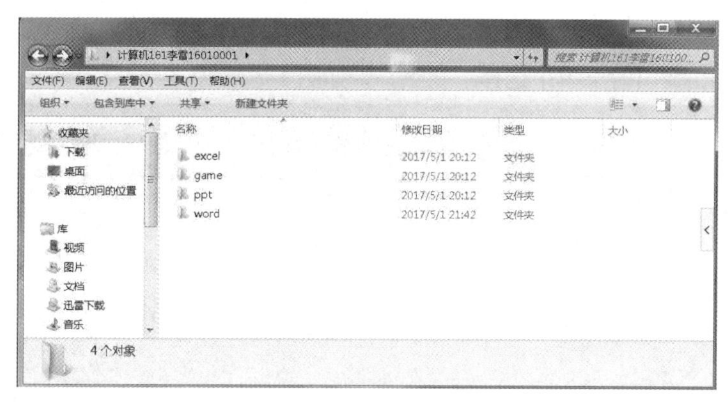

图 1-3　二级文件夹生成

步骤 4：双击“word”文件夹，进入该文件夹，鼠标右键单击文件夹空白处，在弹出的快捷菜单中选择“新建”→“文本文档”，如图 1-4 所示。

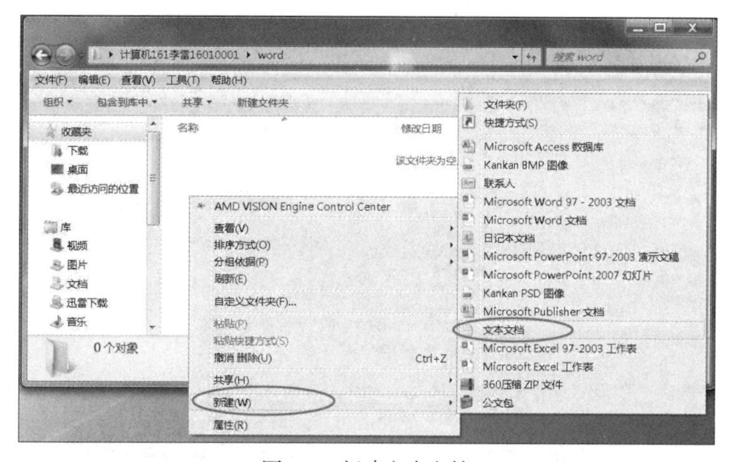

图 1-4　新建文本文档

步骤 5：鼠标右键单击文本文档选择“重命名”，文件改名类似文件夹改名，但需注意，一个文件完整的文件名由两部分组成，即主文件名和文件的扩展名（文件扩展名代表文件的类型），主文件名和文件扩展名间由“.”隔开。在更改文件名时应仔细，避免将文件的扩展名一起改掉，如图 1-5 所示。

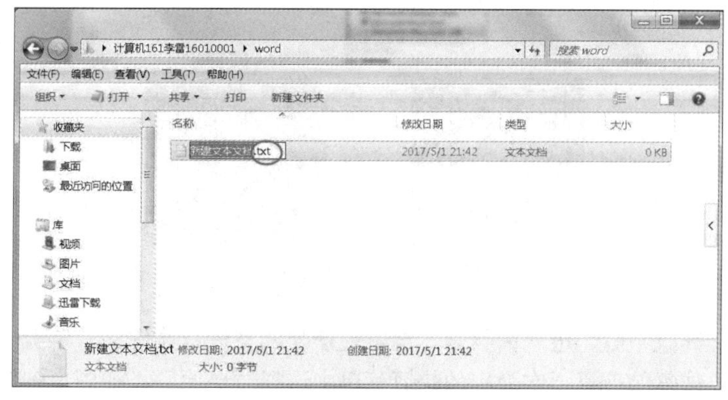

图 1-5　文本文件重命名

步骤 6：单击地址栏处的“班级姓名学号”返回上层文件夹，如图 1-6 所示。鼠标右键单击“game”文件夹，在弹出的菜单中选择“删除”，如图 1-7 所示。

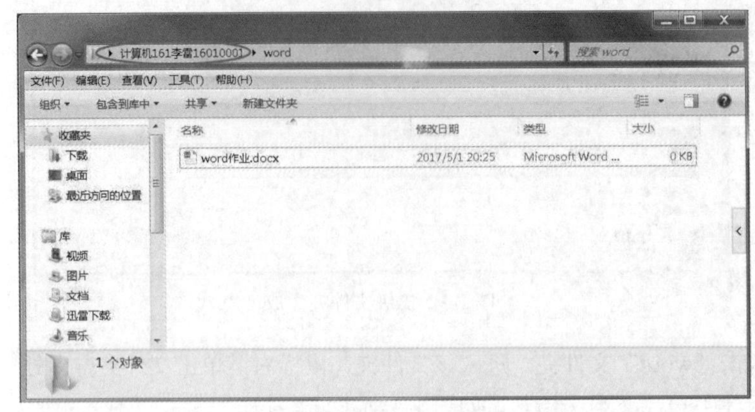

图 1-6　返回上层文件夹

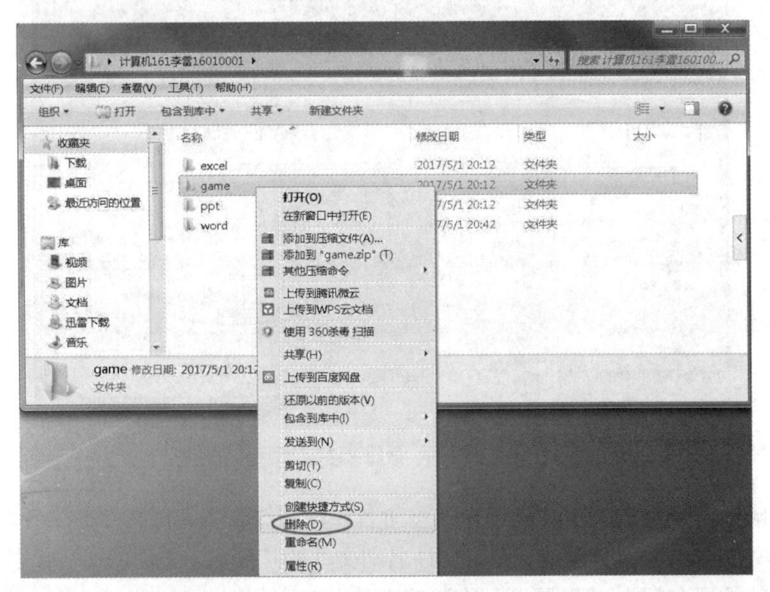

图 1-7　文件的删除

步骤 7：此时观察桌面上的回收站，当回收站中无内容和有内容时图标显示不同，如图 1-8 所示。

图 1-8　回收站状态显示

鼠标左键双击回收站后，进入回收站，选中要恢复的文件或文件夹，单击“还原此项目”，或鼠标右键单击要恢复的项目，在弹出的快捷菜单中选择“还原”，如图 1-9 所示。

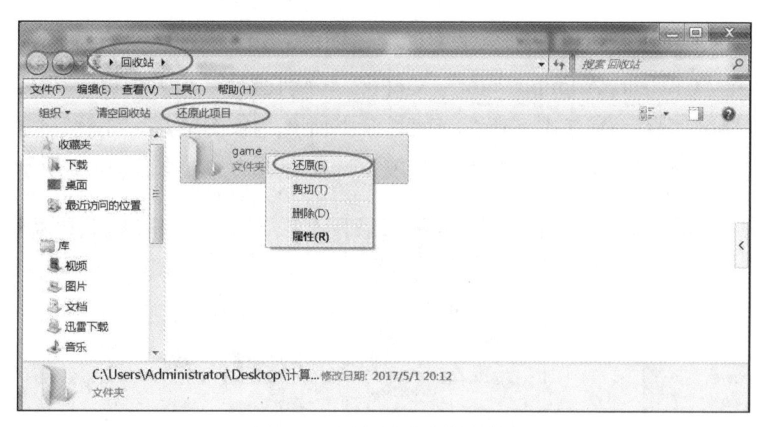

图 1-9　回收站中项目还原

步骤 8：单击文件夹窗口右上角的“关闭”按钮关闭文件夹窗口，鼠标右键单击“班级姓名学号”文件夹，在弹出的快捷菜单中选择“添加到‘计算机 161 李雷 16010001.zip’”命令（需操作系统中已安装相应的压缩/解压缩软件方会有此选项），将文件夹压缩为同名压缩文件。此时我们所建立的一级、二级文件夹和其中的文件全部压缩，作为一个文件存在，如图 1-10 所示。

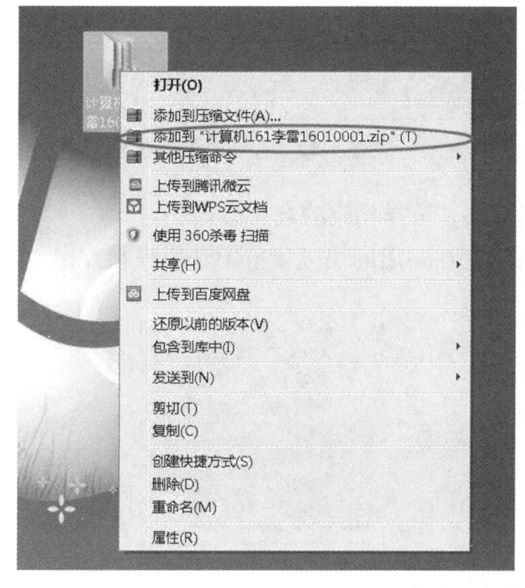

图 1-10　文件夹的压缩

任务二　文件和文件夹的浏览、选择、移动和复制

任务描述

浏览硬盘中已有的文件或文件夹，观察不同的查看显示方式以及排序方法；对文件或文件夹进行不同的选择（单选、连续选、间隔选、全选）；移动和复制文件或文件夹。

操作步骤

步骤 1：打开“计算机”窗口，在左侧导航栏中单击计算机磁盘前面的三角符号，浏览文件夹的树型结构，如图 1-11 所示。分别单击文件夹前面的三角符号，观察目录树的变化情况。

步骤 2：打开“C:\Users\Administrator”文件夹，分别通过“超大图标”“大图标”“中等图标”“列表”“详细信息”等方式，查看当前目录下所有对象的信息，注意它们之间的区别。

方法一：选择“查看”，在弹出的下拉菜单中选择查看方式，如图 1-12 所示。

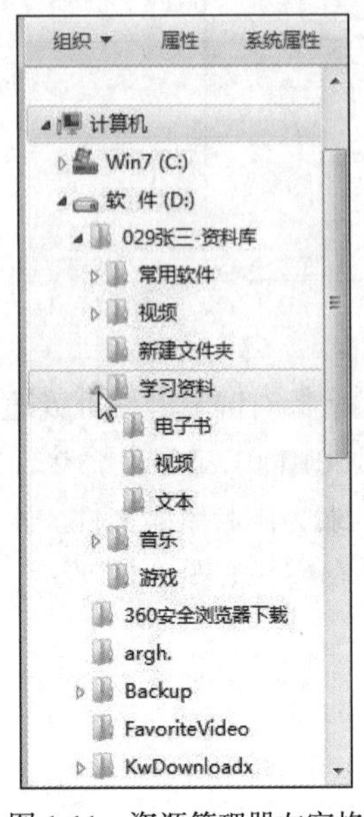

图 1-11 资源管理器左窗格

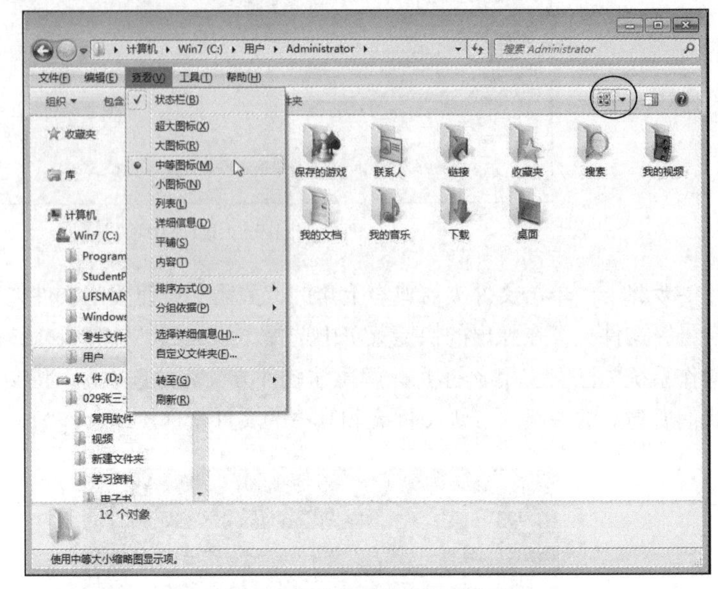

图 1-12 选择对象的查看方式

方法二：单击图标右侧的下拉箭头，选择相应的查看方式。

方法三：在窗口空白处单击鼠标右键，在弹出的快捷菜单中选择查看方式，如图 1-13 所示。

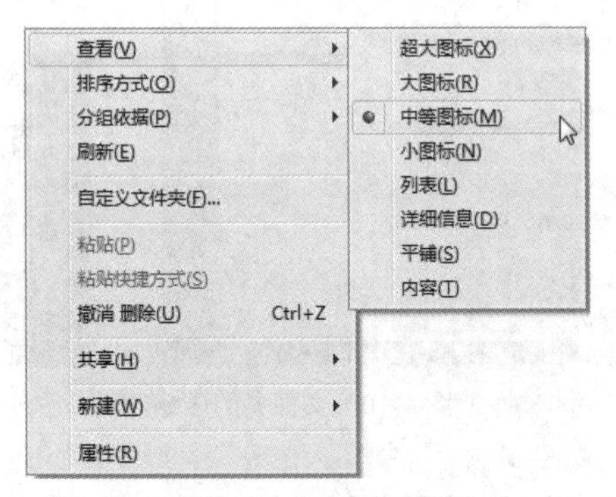

图 1-13 查看快捷菜单

步骤 3：在当前目录下，按“名称”进行排序。

方法一：单击“查看”→“排序方式”→“名称”命令。

方法二：在当前窗口空白处单击鼠标右键，在弹出的快捷菜单中选择“排序方式”→“名称”命令。

步骤 4：按照步骤 3 的操作方法，将文件和文件夹按“大小”“类型”“修改时间”等方式进行排序。

步骤 5：打开“C:\Windows\Web\Wallpaper”文件夹。

步骤 6：单选：用鼠标单击右边窗格中的某个文件，该文件就被选中。

步骤 7：连续选择：用鼠标单击第一个文件后，按住 Shift 键，再单击最后一个需要选择的文件，如图 1-14 所示。或者在要选择的文件的外围按住鼠标左键，并拖动鼠标到最后需要选择的文件的位置即可。

图 1-14　连续选择

步骤 8：间隔选择：鼠标单击第一个文件后，按住 Ctrl 健，再单击其他需要选择的文件即可，如图 1-15 所示。

图 1-15　间隔选择

步骤 9：全选：按组合键 Ctrl+A，或单击“编辑”→“全选”命令即可。

步骤 10：文件的移动：打开“C:\Windows\Web\Wallpaper”文件夹，选中其中的某些图片，然后将选中的图片移动到“E:\图片”文件夹中。

方法一：通过单击“编辑”→“移动到文件夹”命令，打开“移动项目”对话框，在该对话框中选择目标位置，单击“移动”按钮，如图 1-16 和图 1-17 所示。

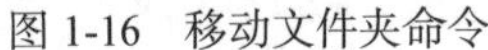
图 1-16　移动文件夹命令

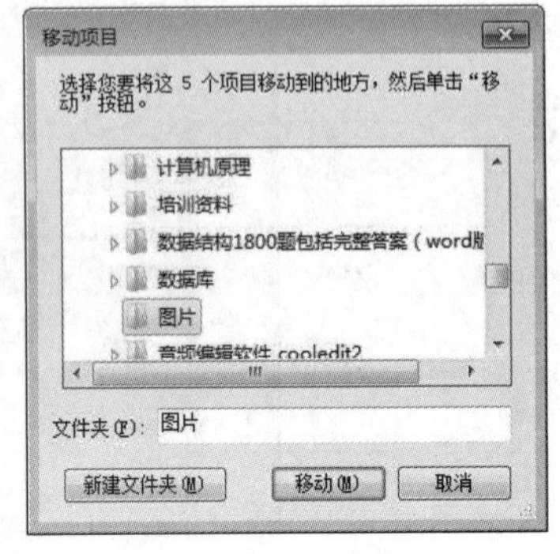

图 1-17　移动项目

方法二：通过组合键 Ctrl+X（剪切）、组合键 Ctrl+V（粘贴）来实现文件的移动。

方法三：通过鼠标来实现移动。同一磁盘中的移动：选中对象→拖动选定的对象到目标位置；不同磁盘中的移动：选中对象→按住 Shift 键→拖动选定的对象到目标位置。

步骤 11：文件的复制。

方法一：通过菜单“编辑”→“复制到文件夹”命令。

方法二：通过组合键 Ctrl+C 复制文件，组合键 Ctrl+V 粘贴文件。

方法三：通过鼠标来实现复制。同一磁盘中的复制：选中对象后按 Ctrl 键再拖动选定的对象到目标位置；不同磁盘中的复制：选中对象后拖动选定的对象到目标位置。

任务三　Windows 7 中搜索功能的应用

任务描述

掌握 Windows 7 系统中搜索功能的应用。主要任务有两个方面：搜索应用程序和搜索计算机中存放的文件。

操作步骤

1. 搜索应用程序 Word 2010

步骤 1：用鼠标单击桌面“开始”按钮，打开“开始”菜单。

步骤 2：在搜索输入框中输入“word2010”，计算机就会自动在所有的程序中进行查找。

2. 通过计算机中的搜索功能找到文件“winload.exe”

步骤 1：打开“计算机”窗口。

步骤 2：在窗口右上方的搜索输入框中输入 winload.exe，系统就会自动进行搜索，如图 1-18 所示。

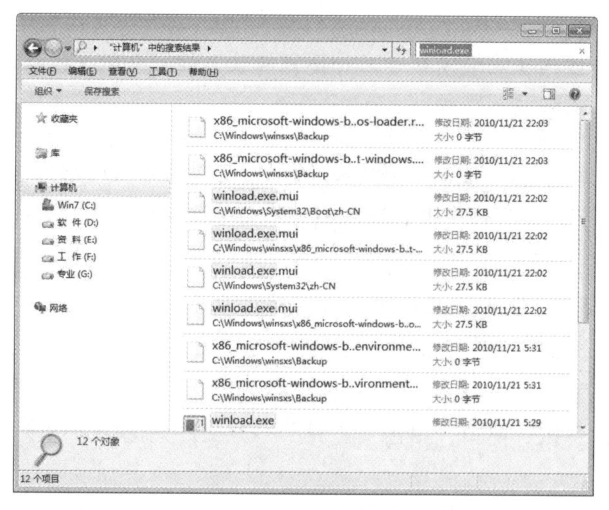

图 1-18　搜索结果

步骤 3：自己试着进行其他对象的搜索，掌握搜索功能的应用。

任务四　文件夹选项与文件属性的设置

任务描述

在 Windows 7 中对文件进行属性设置，对文件夹进行相关文件夹选项设置。

操作步骤

1. 对文件的属性进行设置

步骤 1：打开“D:\029 张三-资料库\学习资料\文本”文件夹，鼠标右键单击“操作系统.txt”，在弹出的快捷菜单中选择“属性”命令，打开该文件的属性对话框，如图 1-19 所示。

步骤 2：选中“只读”选项，然后单击“应用”和“确定”按钮。

步骤 3：双击打开“操作系统.txt”文本文件，修改其中的内容。

步骤 4：单击“文件”→“保存”命令，弹出“另存为”对话框，如图 1-20 所示。

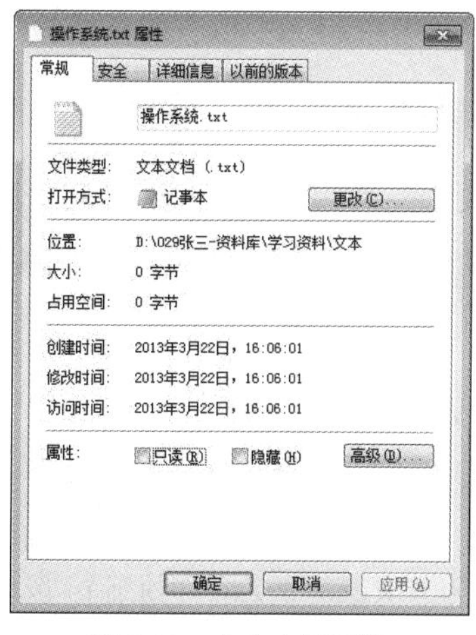

图 1-19　文本文档属性

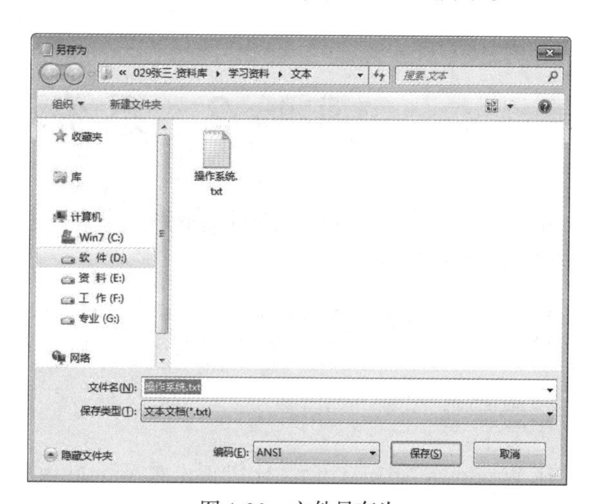

图 1-20　文件另存为

说明

文件的只读属性能够保护源文件不被修改，如果要保存修改后的只读文件，就只能对它重命名或更改存储路径。

步骤 5：重复步骤 1，选中“隐藏”选项，确定后返回上一级目录。

步骤 6：再次打开“文本”文件夹，发现刚才设置为隐藏的文件已经消失。

提示

文件夹属性的设置可以效仿文件属性的设置。

2. 文件夹选项的设置

步骤 1：打开“计算机”窗口，单击“工具”→“文件夹选项”命令，打开“文件夹选项”对话框，如图 1-21 所示。

步骤 2：单击“查看”标签，拖动右侧的滚动条，选中“显示所有文件和文件夹”和“隐藏已知文件类型的扩展名”选项，如图 1-22 所示。

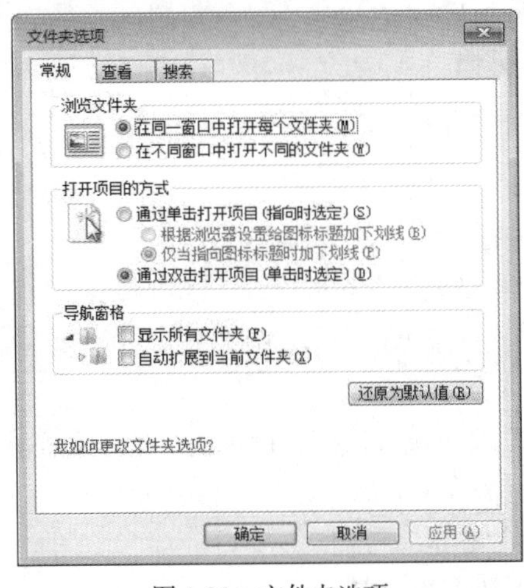

图 1-21 文件夹选项

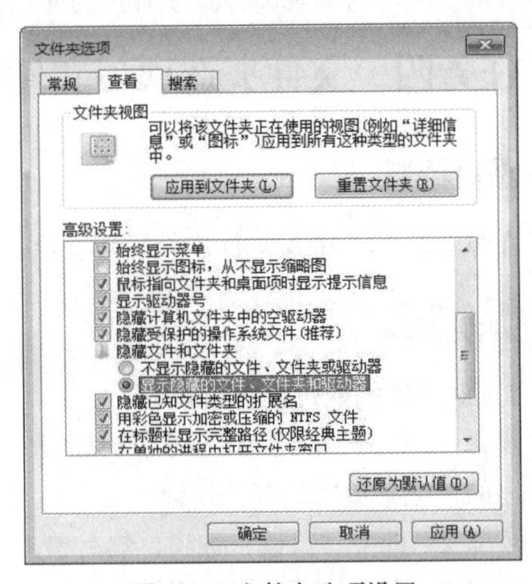

图 1-22 文件夹选项设置

步骤 3：单击“应用”按钮后，结果为刚才隐藏的文件显示出来了，文件的扩展名被隐藏了。

实验 2 系统环境的设置

实验目的：对 Windows 7 进行基本系统设置，主要包括：显示属性、日期和时间、区域属性、登录账户的设置等。

任务一 显示属性的设置

任务描述

在 Windows 7 中进行个性化设置（对 Windows 的主题、桌面、屏幕保护程序、外观以及分辨率等进行设置）。

操作步骤

步骤 1：在桌面空白处单击鼠标右键，在弹出的快捷菜单中选择“个性化”命令，打开属性设置对话框，如图 1-23 所示。

步骤 2：单击右侧的滚动条，查找安装的主题，用鼠标选择“梦幻泡泡”主题，计算机就会进行响应，将原有主题更改，如图 1-24 所示。

图 1-23　显示属性设置

图 1-24　主题更改设置

步骤 3：单击个性化对话框中的“桌面背景”标签，打开“桌面背景”设置对话框，如图 1-25 所示。

图 1-25　背景桌面设置

步骤 4：在背景区域选择自己喜欢的图片，然后单击“保存修改”按钮，桌面背景就会更改。

步骤 5：将自己喜欢的图片保存到“D:\029 张三-资料库\pictures”文件夹中，命名为“桌面背景.jpg”。

步骤 6：在图 1-25 所示的窗口中，单击“浏览”按钮，打开“浏览文件夹”窗口，寻找文件夹路径“D:\029 张三-资料库\pictures”，如图 1-26 所示。

步骤 7：单击“确定”按钮，如图 1-27 所示。

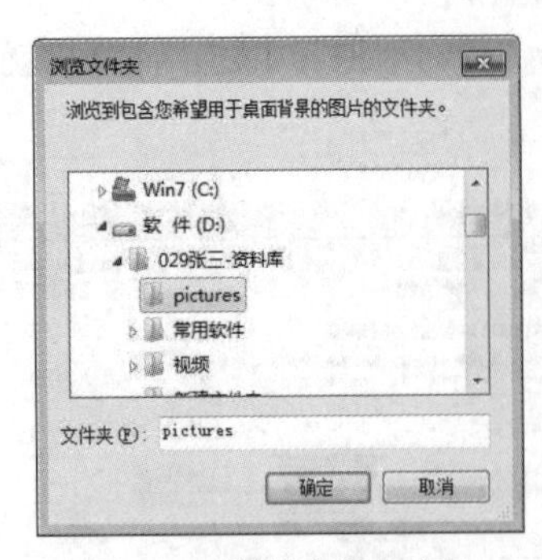

图 1-26　浏览文件夹窗口

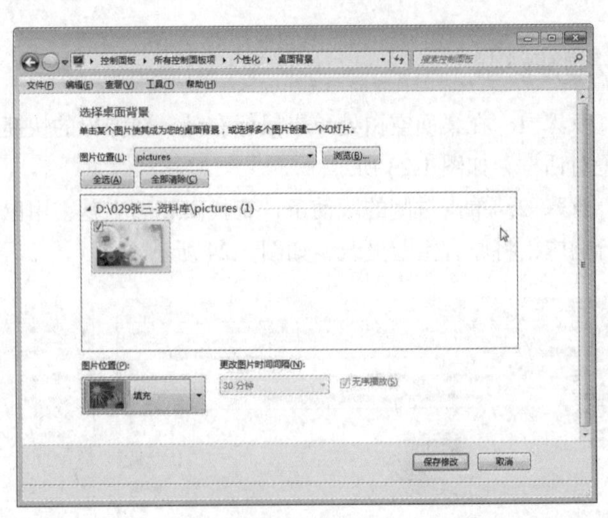

图 1-27　位置设置

步骤 8：单击“图片位置”下拉箭头，进行个性化设置。

步骤 9：按照同样的方式，多添加几张图片，更改图片时间间隔，保存修改，查看设置效果。

步骤 10：根据上面的学习，自己设置桌面图标和屏幕保护。

任务二　日期时间属性的设置

任务描述

通过“日期和时间”的属性，对本机的时区、日期和时间进行相应地修改。

操作步骤

步骤 1：鼠标左键单击屏幕右下方的时间，在弹出的时间窗口中单击“更改日期和时间设置标签”，打开“日期和时间”的属性对话框，如图 1-28 所示。

步骤 2：在图 1-28 所示的对话框中，单击“更改日期和时间”，打开日期时间设置对话框，设置系统的日期和时间，如图 1-29 所示。

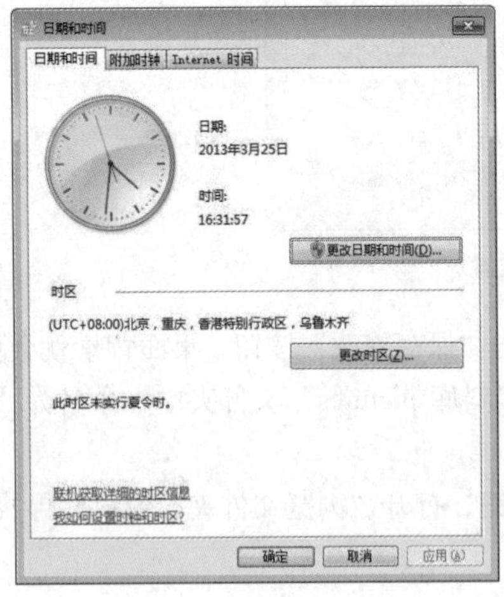

图 1-28　日期和时间属性

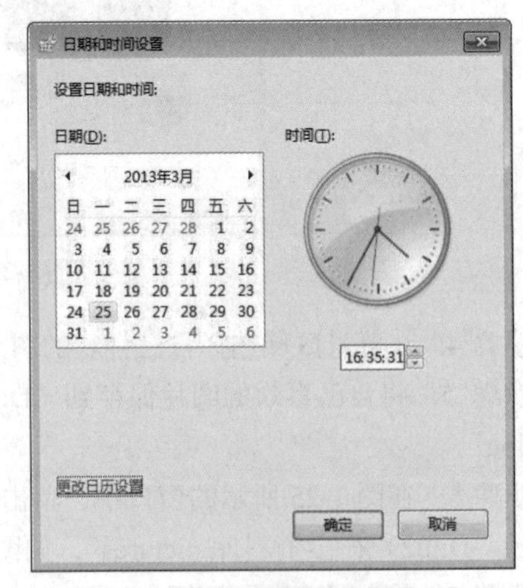

图 1-29　日期和时间设置

步骤 3：在图 1-28 所示的对话框中，单击“更改时区”标签，打开时区设置对话框，在时区对应的下拉箭头中选择所在的时区。

步骤 4：在图 1-28 所示的对话框中，单击“Internet 时间”标签，在打开的对话框中单击“更改设置”命令，打开“Internet 时间设置”对话框，选中“与 Internet 时间服务器同步”选项，在“服务器”下拉列表框中选择“time.Windows.com”选项，单击“立即更新”按钮，确认后退出即可。

注意

如果要设置与 Internet 时间同步，则计算机必须与 Internet 连接。

任务三　区域属性的设置

任务描述

设置计算机所处的地理位置区域，并对区域选项进行设置，包括：数字、货币、日期、时间等数据格式的设置。

操作步骤

步骤 1：单击“开始”→“控制面板”→“区域和语言”选项，打开“区域和语言”对话框，如图 1-30 所示。

步骤 2：在“区域和语言”对话框中，单击“位置”标签，设定当前位置为中国。

步骤 3：单击“格式”标签，在“格式”下拉列表中选择“简体中文”。

步骤 4：在“日期和时间格式”设置栏中，单击对应项目后面的下拉列表，设置它们的格式。

步骤 5：单击“其他设置”按钮，打开“自定义格式”设置对话框，如图 1-31 所示。

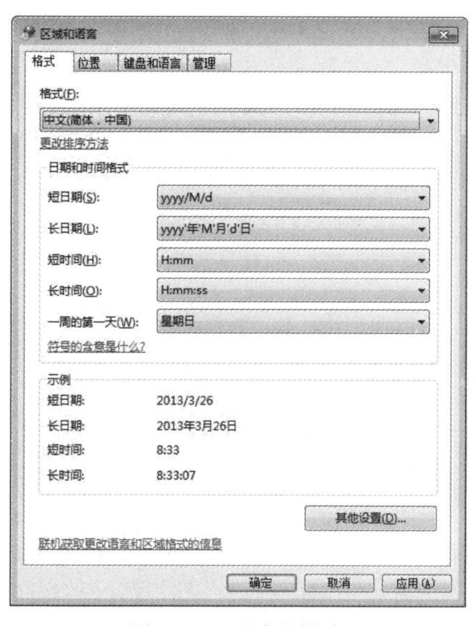

图 1-30　区域和语言

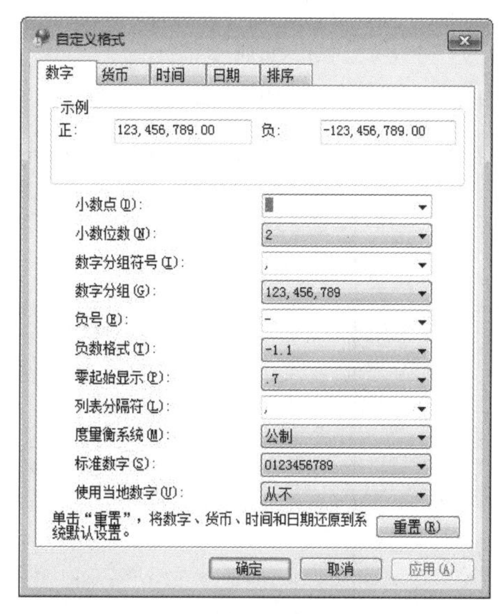

图 1-31　自定义区域选项

步骤 6：单击“数字”选项卡，进入“数字格式”设置对话框，分别单击各项右边的“下拉箭头”，选择相应的格式，设置结果参照图 1-31。

步骤 7：单击“货币”选项卡，进入“货币格式”设置对话框，对货币的表示形式进行设置。

步骤 8：单击“时间”选项卡，进入“时间格式”设置对话框，对时间的格式进行设置。

步骤 9：单击“日期”选项卡，进入“日期格式”设置对话框，进行日期格式设置。

步骤 10：单击“排序”选项卡，进入“排序”设置对话框，对“排序方法”进行设置。

步骤 11：单击“确定”按钮，设置的格式即可生效。

任务四　系统登录账户的设置

任务描述

在 Windows 7 中建立不同权限的账户，对账户进行基本的操作，包括账户的查看、删除、权限的设置、密码的设置等。

操作步骤

步骤 1：单击“开始”→“控制面板”→“用户账户”选项，打开“用户账户”窗口，如图 1-32 所示。

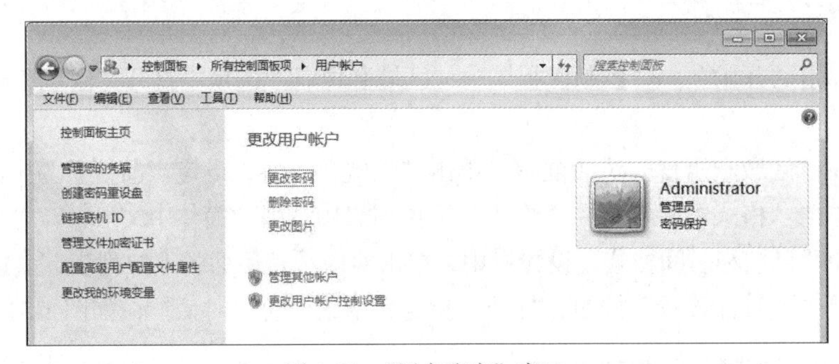

图 1-32　“用户账户”窗口

步骤 2：单击“管理其他账户”标签，打开图 1-33 所示窗口。

图 1-33　账户管理

步骤 3：单击“设置一个新账户”标签，进入“账户设置”对话框，输入新账户的名称为“lily”，权限设置为“标准用户”，如图 1-34 所示。

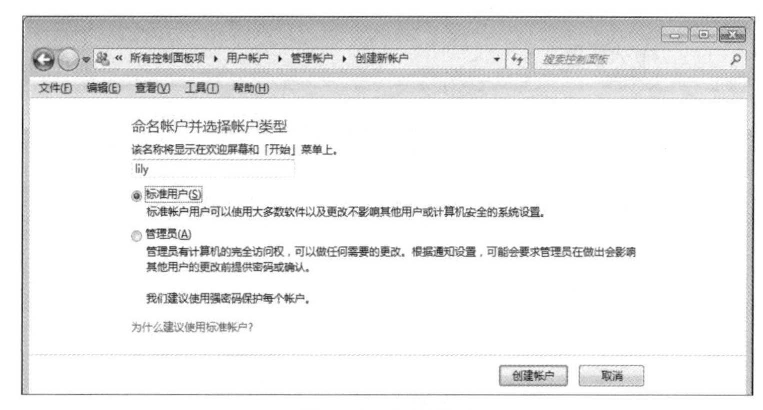

图 1-34　创建账户

步骤 4：单击“创建账户”按钮，账户创建成功，如图 1-35 所示。

图 1-35　账户创建结果

步骤 5：在图 1-35 所示的窗口中，单击新创建的账户“lily”，进入“更改账户”对话框，如图 1-36 所示。

图 1-36　账户设置窗口

步骤 6：单击“创建密码”标签，进入“密码创建”窗口，输入密码“123”，如图 1-37 所示。

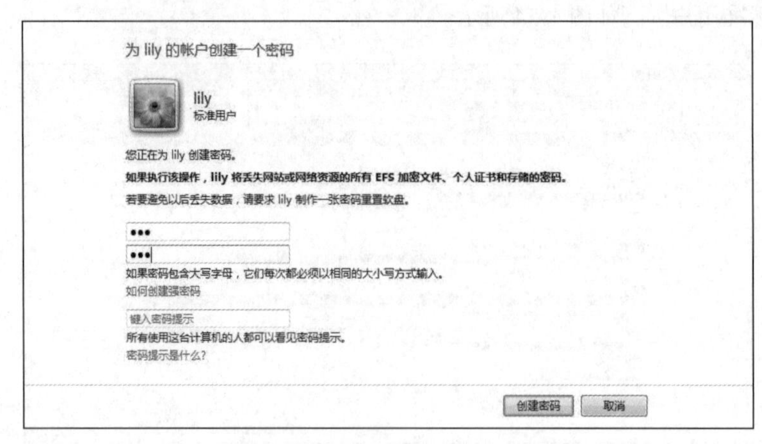

图 1-37　创建密码

步骤 7：单击“创建密码”按钮，密码创建成功，如图 1-38 所示。

图 1-38　密码创建结果

步骤 8：根据上面的学习，自己进行“更改账户名称”“删除密码”“更改用户类型”等项目的学习。

步骤 9：鼠标右键单击桌面图标“计算机”→“管理”→“本地用户和组”→“用户”选项，打开“计算机管理”对话框，查看所有账户信息，并对账户进行相应设置，如设置密码、重命名、删除、禁用等操作，如图 1-39 所示。

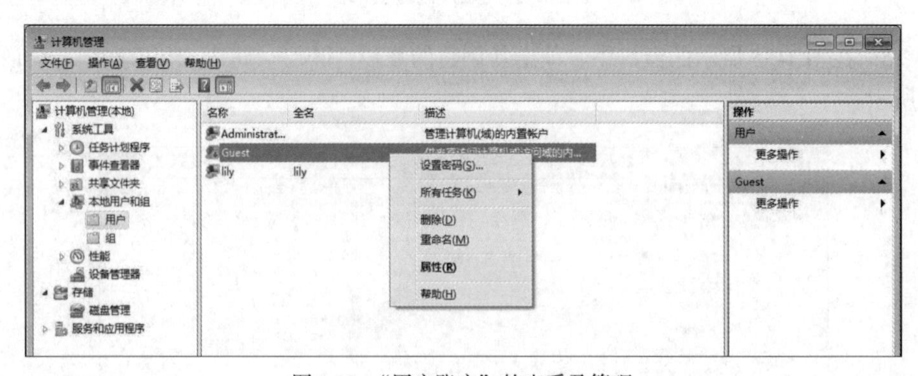

图 1-39　“用户账户”的查看及管理

实验 3　计算机存储设备的管理

实验目的：通过实验，要求能够对磁盘进行相应地操作，包括：对磁盘的管理、清理、碎片整理以及掌握移动设备（U 盘）的使用方法等。

任务一　磁盘的管理

任务描述

磁盘是计算机的核心部件之一，存储着系统和用户的所有信息，所以我们必须对磁盘进行很好的管理，包括：磁盘信息的查看、驱动器名称的更改、磁盘的格式化、逻辑驱动器的建立和删除等。

操作步骤

步骤 1：鼠标右键单击“计算机”，在弹出的快捷菜单中选择“管理”→“存储”→“磁盘管理”选项，打开“磁盘”管理窗口，如图 1-40 所示。

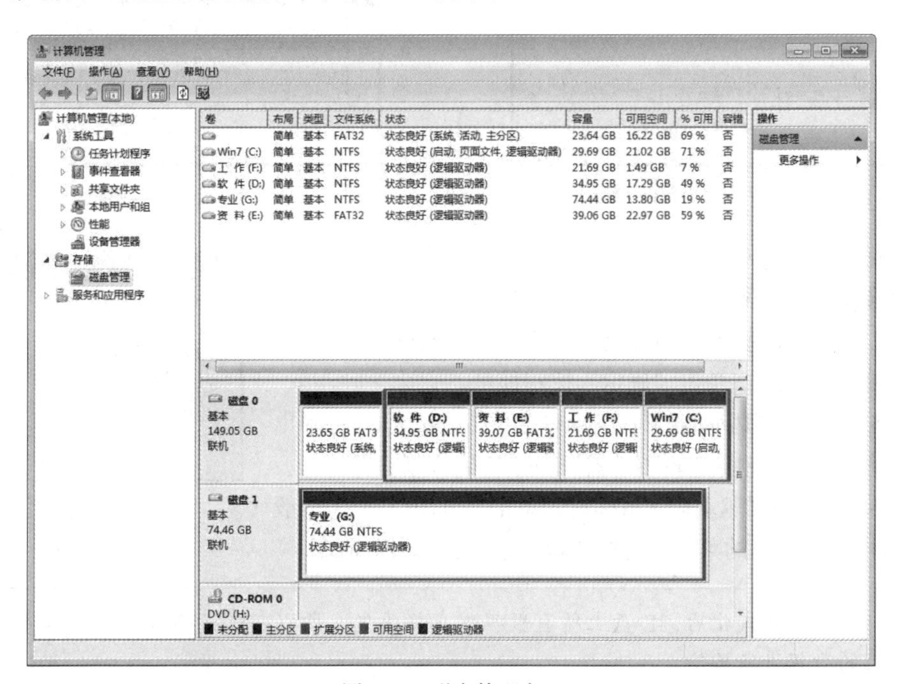

图 1-40　磁盘管理窗口

步骤 2：查看各驱动器的基本信息，包括：名称、容量、分区类型、使用情况等。

步骤 3：更改驱动器的名称。鼠标右键单击“E 盘”，在弹出的快捷菜单中选择“更新驱动器名称和路径”命令，如图 1-41 所示，打开“更改 E：的驱动器号和路径”窗口，如图 1-42 所示，单击“更改”按钮，弹出“更改驱动器号和路径”窗口，如图 1-43 所示，单击右侧的下拉箭头，在弹出的字母中选择“K”选项（即把 E 盘改为 K 盘），单击“确定”按钮。

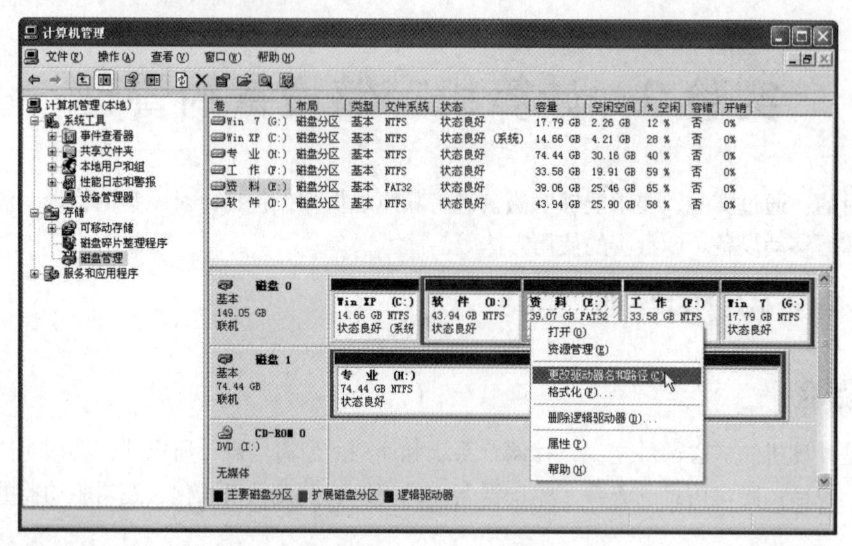

图 1-41　选择更改命令

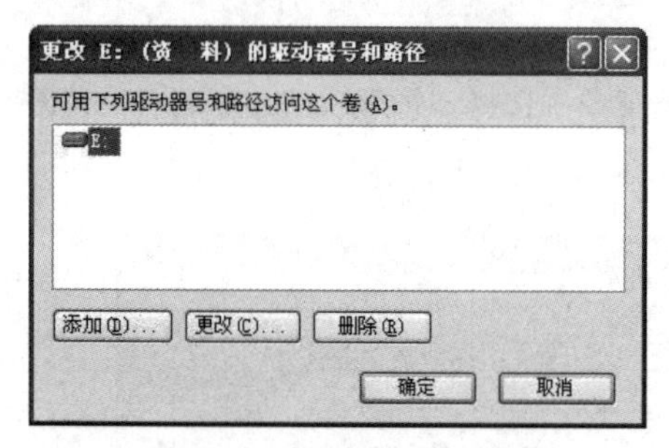

图 1-42　显示要更改的盘符

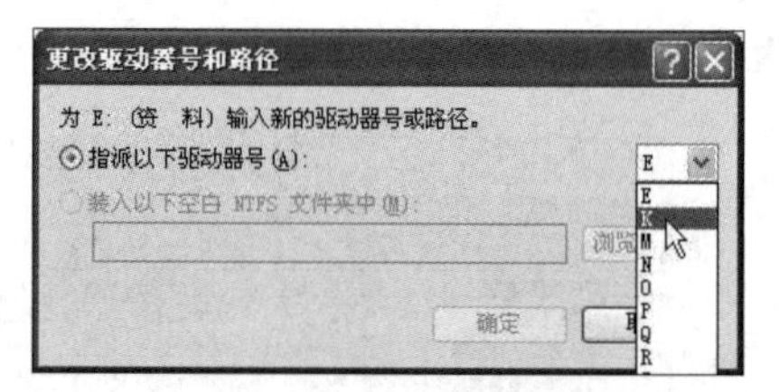

图 1-43　选择驱动器号

步骤 4：格式化驱动器。鼠标右键单击“E 盘”，在弹出的快捷菜单中选择“格式化”命令，打开“格式化”窗口，在“文件系统”下拉列表框中选择“NTFS”格式，选择“执行快速格式化”选项，如图 1-44 所示，单击“确定”按钮即可。

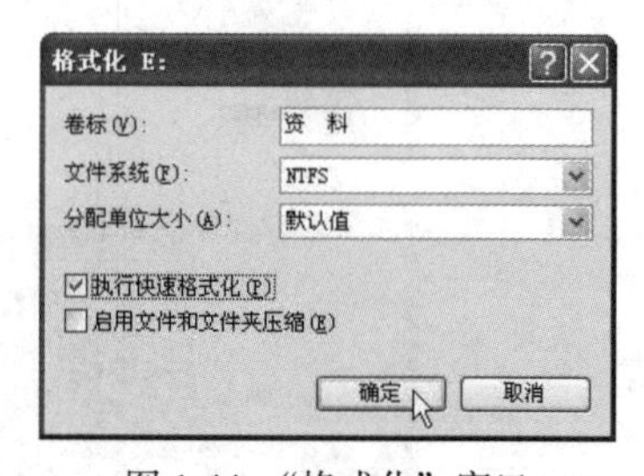

图 1-44　“格式化”窗口

步骤 5：删除逻辑驱动器 E。鼠标右键单击“E 盘”，在弹出的快捷菜单中选择“删除逻辑驱动器”命令，确认删除即可。

步骤 6：新建逻辑驱动器。鼠标右键单击“可用空间”（一般用绿色标注），在弹出的菜单中选择“新建逻辑驱动器”命令。

注意

执行格式化后，E 盘上所有数据信息将丢失，所以在进行格式之前，首先要对 E 盘上的数据进行备份。

步骤 7：在打开的“磁盘分区向导”窗口中，单击“下一步”按钮，选中“逻辑驱动器”→单击“下一步”按钮→通过单击“分区大小”右侧的“ ”箭头，设置分区的大小为“52611 MB”→单击“下一步”按钮→单击“指派驱动器号”右侧的下拉箭头，选中“F”→单击“下一步”按钮→设置“文件系统”为“NTFS”，选择“执行快速格式化”→单击“下一步”按钮→单击“完成”按钮，新的逻辑驱动器（E）建立成功。

任务二　磁盘清理

任务描述

对磁盘进行清理，删除计算机上不需要的文件及临时文件、清空回收站等，回收存储空间供用户使用。

操作步骤

步骤 1：单击“开始”按钮，在程序搜索输入框中输入“磁盘清理”，系统响应后，在开始菜单中显示“磁盘清理”程序，单击程序，打开“磁盘清理：驱动器选择”对话框，如图 1-45 所示。

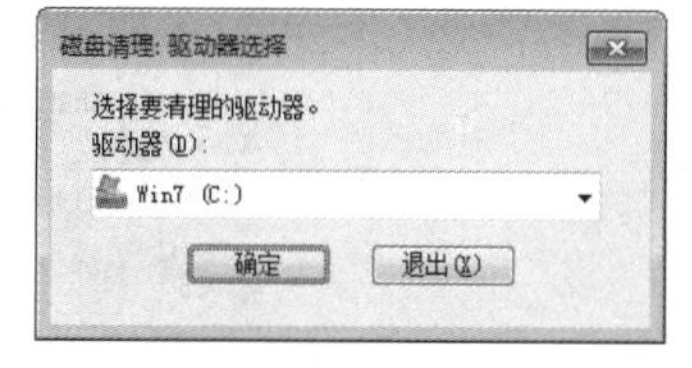

图 1-45　“驱动器选择”窗口

步骤 2：在“驱动器”下拉列表中选择“D 盘”，单击“确定”按钮，打开 D 盘磁盘清理窗口，在“需要删除的文件”选择框中选择需要删除的文件，单击“确定”按钮即可。

步骤 3：在“磁盘清理”窗口中单击“其他选项”标签，打开图 1-46 所示对话框。

步骤 4：单击“程序和功能”栏中的“清理”按钮，对不用的程序进行删除，释放更多的磁盘空间，如图 1-47 所示。

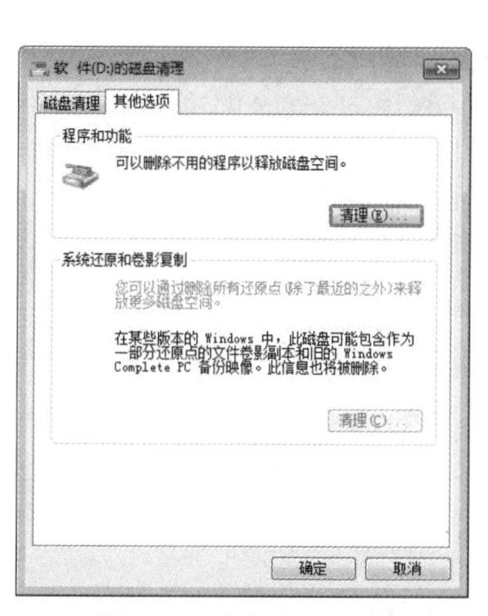

图 1-46　其他清理选项

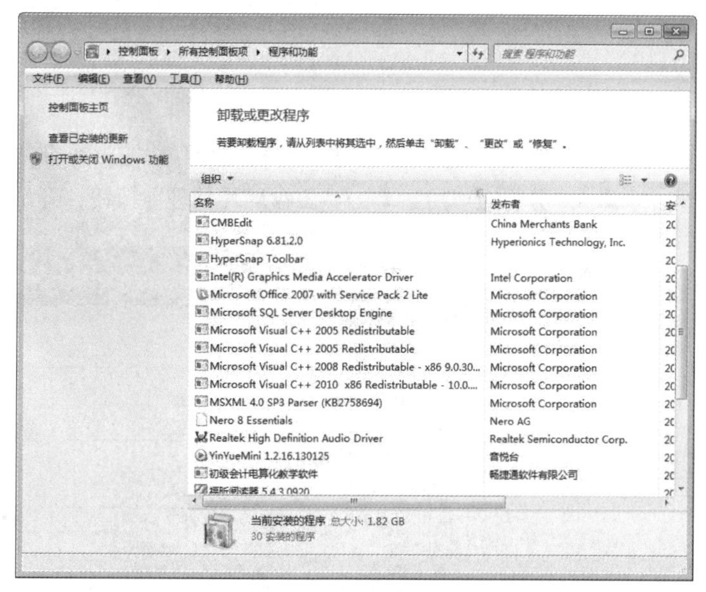

图 1-47　程序卸载窗口

任务三　磁盘碎片整理

任务描述

计算机经过长期使用后，会在磁盘上产生一些碎片和凌乱的文件，需要进行整理，释放出更多的磁盘空间，提高计算机的整体性能和运行速度。

操作步骤

步骤 1：单击“开始”按钮，在程序搜索输入框中输入“磁盘碎片整理程序”，系统响应后，在开始菜单中显示“磁盘碎片整理程序”，单击此程序，系统打开“磁盘碎片整理程序”对话框，如图 1-48 所示。

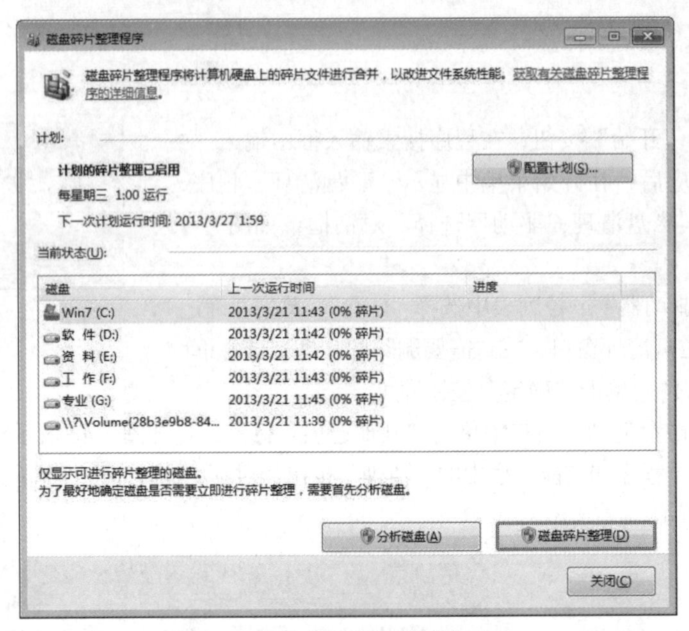

图 1-48 “磁盘碎片整理程序”窗口

步骤 2：选中“E 盘”，单击“分析磁盘”按钮，查看磁盘碎片情况。

步骤 3：分析完成后，单击“磁盘碎片整理”按钮，开始碎片整理，结果如图 1-49 所示。

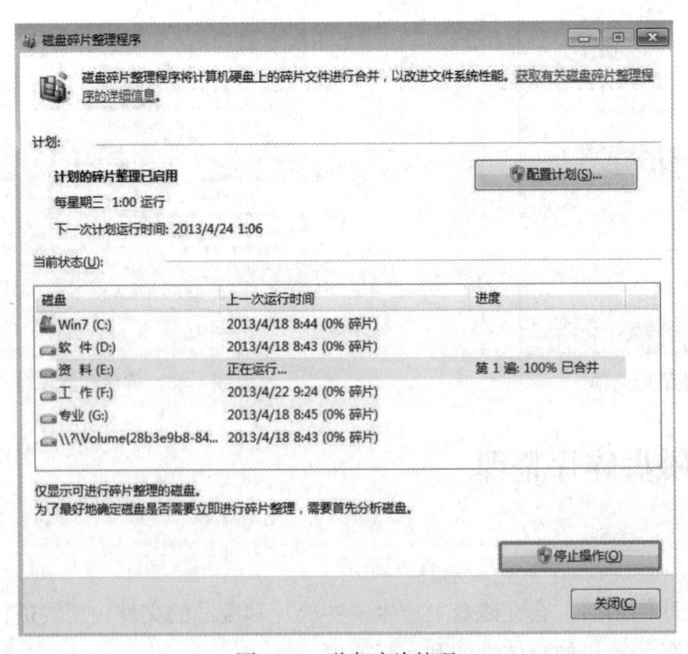

图 1-49 磁盘碎片整理

步骤 4：重复以上操作，对其他盘符进行碎片整理。

注意

要进行碎片整理，被整理磁盘必须有 15%以上的剩余空间，所以整理之前首先要检查磁盘的利用情况。

任务四　移动设备的使用

任务描述

掌握移动设备的正确使用方法，以及简单故障的排除。

操作步骤

1. 移动设备的使用

步骤 1：把移动设备插入计算机的 USB 接口中，待屏幕右下角出现图标，说明计算机已经检查到了移动设备。

步骤 2：打开“计算机”选择移动设备进行操作，例如，对移动设备盘重命名、数据传输、格式化、查杀病毒等。

步骤 3：如果在屏幕右下方有移动设备的图标，但是在“计算机”中找不到移动设备，一般可以通过打开“磁盘管理”，更改移动设备的驱动器名称即可。

2. 移动设备的退出

不能直接拔出移动设备，否则可能会损坏数据。正常退出一般有以下两种方法。

方法一：单击屏幕右下角“ ”图标，打开“弹出 USB 设备列表”窗口，如图 1-50 所示。

单击“弹出 USB DISK 2.0”，等到弹出图 1-51 所示的窗口以后，就可以拔掉移动设备了。

图 1-50　USB 设备列表

图 1-51　安全移除硬件提示框

方法二：打开“计算机”，在右边的磁盘信息窗口中，找到需要弹出的移动存储设备，在上面单击鼠标右键，在弹出的快捷菜单中，选择“弹出”命令，等到系统弹出图 1-51 所示的提示窗口，就可以拔下移动设备。

实验 4　计算机应用软件的安装和使用

实验目的：通过实验，掌握常用应用软件的安装和卸载方法、程序的运行与结束、快捷方式的创建以及任务管理器的使用等。

任务一　应用软件的安装

任务描述

应用软件一般分为绿色软件和非绿色软件，它们的安装方式是不同的。通过对这两种软件的安装，掌握常用应用软件的安装方法。

操作步骤

绿色软件的安装：先从网上或软件光盘上获取需要的软件，然后将组成该软件系统的所有文件按原结构复制到计算机硬盘上即可。

非绿色软件的安装：通常的操作方法是双击安装程序 setup.exe 或 install.exe，根据安装向导进行操作即可。

下面以 QQ 的安装为例进行操作。

步骤 1：从网上下载“QQ”安装程序，保存在计算机“D:\软件”文件夹中。

步骤 2：双击“QQ.exe”安装程序，打开安装向导窗口，选中“已阅读并同意软件协议”→单击“下一步”按钮→选择“安装选项”，设置“快捷方式选项”→单击“下一步”按钮→选择“安装路径”为“C:\Program Files\Tencent\QQ”，选择“个人文件夹”保存到“我的文档”选项→单击“下一步”按钮→进行安装→单击“完成”按钮即可。

安装软件一般分为以下 6 步：运行安装程序→接受协议→选择安装组件→安装目录设置→进行安装→单击“完成”按钮。

任务二　应用软件的卸载

任务描述

卸载计算机上的应用软件，掌握不同软件的卸载方法。

操作步骤

绿色软件的卸载：将组成该软件系统的所有文件从计算机上删除即可。

非绿色软件的卸载：需要通过相应的卸载程序来实现，一般有三种方法，下面以卸载“QQ”聊天软件为例进行卸载操作。

方法一：利用自身所带的卸载程序进行卸载。

步骤 1：单击“开始”→“程序”→“腾讯软件”→“腾讯 QQ”→“卸载腾讯 QQ”命令，弹出如图 1-52 所示。

步骤 2：弹出“卸载”确认窗口，单击“是”按钮，开始卸载，如图 1-53 所示。

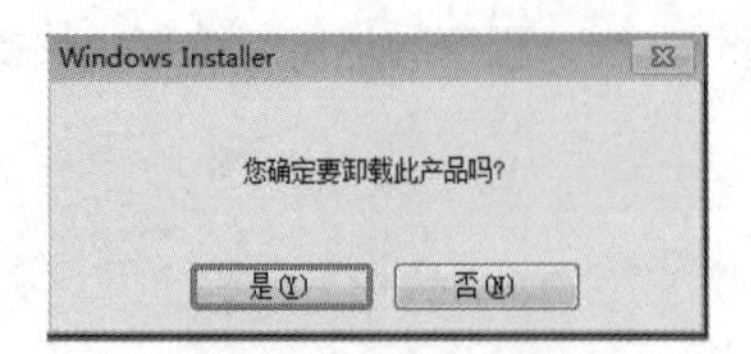

图 1-52　“卸载程序”确认窗口

图 1-53　卸载进度窗口

方法二：利用“控制面板”中的“添加删除程序”来进行卸载。

步骤 1：单击“开始”→“控制面板”→“程序和功能”选项，打开“卸载和更改程序”对话框。

步骤 2：选择框中选择“腾讯 QQ”选项，如图 1-54 所示。

图 1-54　选择卸载程序

步骤 3：单击“卸载”按钮，根据提示操作即可。

方法三：通过如“360 软件管家”等管理软件卸载，具体方法同方法一。

任务三　程序快捷方式的建立

任务描述

快捷方式是 Windows 提供的一种快速启动程序、打开文件或文件夹的方法，是应用程序的快速连接，通过实验进一步理解快捷方式的本质，掌握创建快捷方式的方法。

操作步骤

步骤 1：用鼠标右键单击桌面空白处，在弹出的快捷菜单中选择“新建”→“快捷方式”命令，打开“创建快捷方式向导”窗口。

步骤 2：在向导窗口中单击“浏览”按钮，选择需要建立快捷方式的应用程序，如“C:\Program Files\QQ\Bin\QQ.exe”文件。

步骤 3：单击“确定”→“下一步”→“输入快捷方式名称”→“完成”按钮。

步骤 4：查看桌面，出现图标。

任务四 程序的运行与结束

任务描述

以 QQ 聊天程序为例进行操作，学习程序的运行与结束方法，以及通过任务管理器终止结束不了或无响应的程序。

操作步骤

步骤 1：运行 QQ 聊天程序。

方法一：单击“开始”→“程序”→“腾讯软件”→“QQ”→ 腾讯QQ2010 即可。

方法二：打开“C:\Program Files\QQ\Bin”文件夹”，双击“QQ.exe”文件。

方法三：双击桌面“QQ”快捷方式。

方法四：单击“开始”→“运行”→“浏览”→“C:\Program Files\QQ\Bin\QQ.exe”→“确定”按钮即可。

步骤 2：结束 QQ 聊天程序。

方法一：单击 QQ 窗口右上角上的 ☒（关闭）按钮。

方法二：利用组合键 Alt+F4。

步骤 3：用任务管理器关闭未响应的程序。

按 Ctrl+Alt+Del 组合键（或鼠标右键单击任务栏）→“任务管理器”命令，打开“任务管理器窗口”，单击“应用程序”标签，选择未响应的程序，单击“结束任务”按钮即可，如图 1-55 所示。

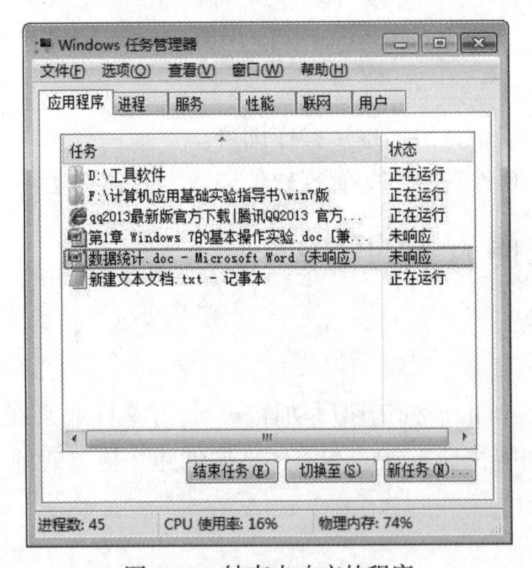

图 1-55 结束未响应的程序

第2章 Word文字处理

本章概要

Word文字处理主要包括文档录入、排版及综合技能操作。Word 2010是Microsoft公司开发的Office 2010办公组件之一，具有界面友好、使用方便、应用广泛、功能强大等特点。通过Word中的文字编辑、文档排版、表格制作、图文混排、图像处理、邮件合并等功能，我们可以完成各种公文、论文、图书、邮件、信封、备忘录、报告、报刊的编辑与设计。

本章根据具体案例强化文字处理技术综合应用的各项操作，加深学生对知识点的理解及运用。通过4类实验（包含8个任务），学生需掌握如下内容。

（1）文档的基本操作与排版。掌握文档的创建、打开、编辑、保存；文本的编辑、查找和替换；文本格式、段落、项目符号和编号的设置；边框与底纹的设置等。

（2）文档中表格的创建与设置。掌握Word表格的创建、编辑、设置、表格中的数据排序和计算，以及虚框表格的编辑与设计。

（3）文档中的对象插入和图文混排。掌握在文档中插入形状、艺术字等对象，以及对它们进行编辑修改等操作。

（4）批量文档生成和长文档的排版与设计。掌握邮件合并功能，长文档的编辑（包括：标题样式和级别设定，页面设置、分隔符、页眉页脚和自动生成目录等）。

实验1 文档基本操作与排版

实验目的：通过本次实验，主要掌握Word文档的创建、编辑、打开、保存和关闭；掌握对文本内容的选择、复制、粘贴、移动、删除、修改、插入等基本的编辑功能；掌握文档字体、段落、页面等格式的设置；掌握文本的编辑、查找和替换；掌握文本格式、段落、项目符号和编号的设置；边框与底纹等的设置。

任务一 Word文档的简单编排

任务描述

打开实验素材“荷塘月色（素材）.docx”，将纸张宽度设置为15厘米，高度20厘米；文章标题设置为宋体、二号、加粗、居中，正文设置为宋体、小四、首行缩进2字符、1.25倍行距；将正文开头的“曲曲折折”设置为阴文、深蓝、倾斜；为正文添加双线条的边框，3磅，颜色设置为红色，底纹填充为“白色，背景 1，深色 35%”；为文档添加页眉，内容为“荷塘月色”；在正文第 1 自然段后另起行录入第 2 段的文字，内容为：“叶子本是肩并肩密密地挨着，这便宛然有了一道凝碧的波痕。叶子底下是脉脉的流水，遮住了，不能见一些颜色；而叶子却更见风致了。”最后，设置第 1 自然段与第 2 自然段的段间距为 3 行。完成后将该文档另存为自己的“学号 姓名 班级 荷塘月色.doc”，完成后的样式如图 2-1 所示。

荷塘月色

《荷塘月色》节选

曲曲折折的荷塘上面，弥望的是田田的叶子。叶子出水很高，像亭亭的舞女的裙。层层的叶子中间，零星地点缀着些白花，有袅娜地开着的，有羞涩地打着朵儿的；正如一粒粒的明珠，又如碧天里的星星，又如刚出浴的美人。微风过处，送来缕缕清香，仿佛远处高楼上渺茫的歌声似的。这时候叶子与花也有一丝的颤动，像闪电般，霎时传过荷塘的那边去了。

叶子本是肩并肩密密地挨着，这便宛然有了一道凝碧的波痕。叶子底下是脉脉的流水，遮住了，不能见一些颜色；而叶子却更见风致了。

图 2-1　任务一最终效果图

操作步骤

步骤 1：打开实验素材“荷塘月色（素材）.docx”，单击“页面布局”→“纸张大小”→“其他页面大小”选项，在弹出的页面设置对话框中设置“纸张大小”为“自定义大小”，在宽度中输入“15 厘米”，高度中输入“20 厘米”，按“确定”按钮，如图 2-2（a）所示。再选中文章的第一行标题，将其设置为宋体、二号、加粗、居中，如图 2-2（b）所示。

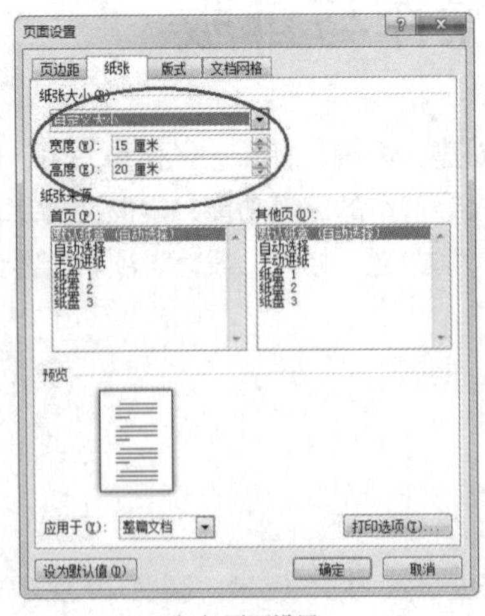

（a）页面设置

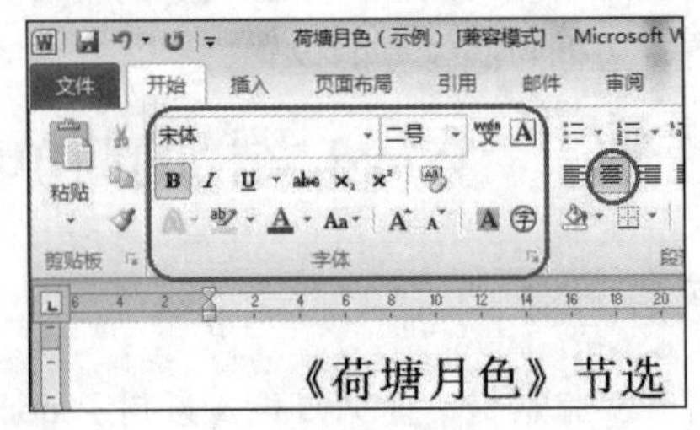

（b）标题排版

图 2-2　页面设置和标题排版

步骤 2：选中标题下的全部正文，在字体组中设置为宋体、小四，然后单击段落对话框启动器，设置“首行缩进 2 字符、1.25 倍行距”，如图 2-3 所示。

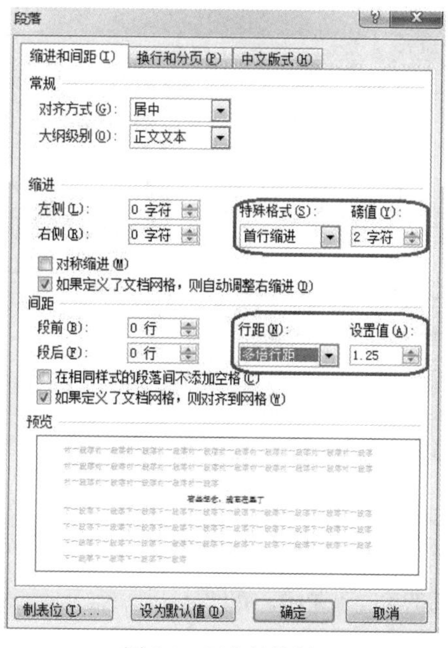

图 2-3　正文的排版

步骤 3：由于字体效果“阴文”要在兼容版式下的字体对话框中才能显示，因此我们单击“文件”→“另存为”选项，在弹出的另存为对话框中的存放位置选择“桌面”，“文件名”处填写自己的“学号姓名班级”，“文件类型”处选择“Word 97-2003 文档”，单击“保存”按钮，如图 2-4 所示。再选中正文中的“曲曲折折”几个字，单击字体对话框启动器，设置字形为“倾斜”、字体颜色为“深蓝”、效果为“阴文”，如图 2-5 所示。

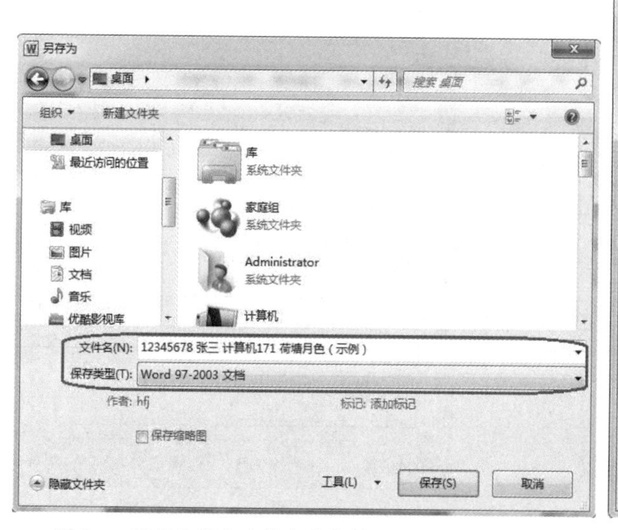

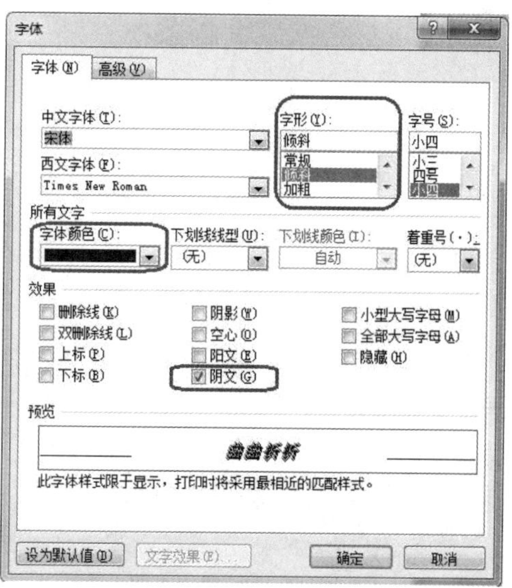

图 2-4　另存为以个人信息命名的 Word 97-2003 文档　　图 2-5　选定文本设置字形、字体颜色和效果

步骤 4：选中全部正文，单击“页面布局”→“页面边框”→“边框”选项，选择“方框”，

在“样式”中选择“双线”，选择“颜色”为红色，“宽度”为“3.0 磅”，应用于“段落”（见图 2-6），然后切换到“底纹”选项卡，在“填充”处选择“白色，背景 1，深色 35%”，应用于“段落”，单击“确定”按钮，如图 2-7 所示。

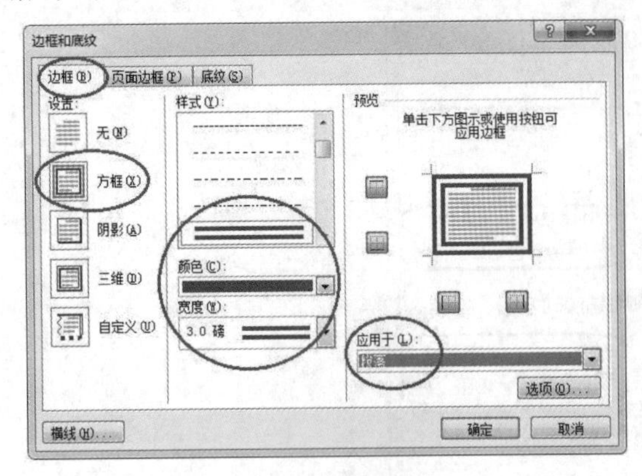

图 2-6　给正文添加边框

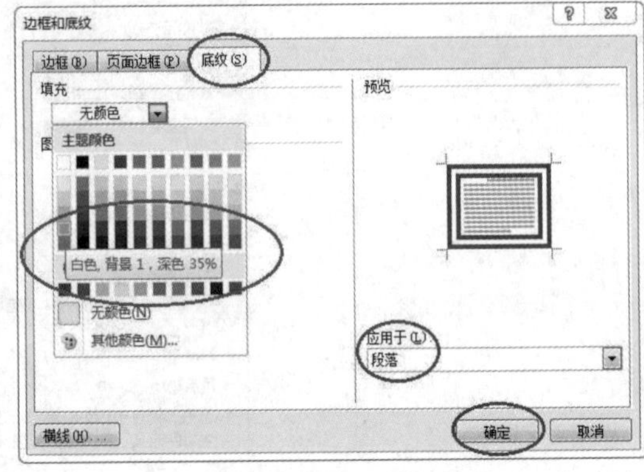

图 2-7　给正文填充底纹

步骤 5：选中标题中的“荷塘月色”文字内容并复制，然后双击文档上方的空白区域，单击鼠标右键，在弹出的快捷菜单中选择将其粘贴为纯文本，即为文档添加好了内容为“荷塘月色”的页眉（或直接键入页眉要求的文字也可），如图 2-8 所示。

步骤 6：在正文第 1 自然段后回车，另起一行录入第 2 段文字，内容为：“叶子本是肩并肩密密地挨着，这便宛然有了一道凝碧的波痕。叶子底下是脉脉的流水，遮住了，不能见一些颜色；而叶子却更见风致了。”然后，选中第 2 自然段，单击段落对话框启动器，在弹出的段落对话框的“间距”处设置“段前”为“3 行”，如图 2-9 所示。至此，我们已完成本任务的全部要求，单击“保存”按钮后再单击窗口右上角的“关闭”按钮退出。

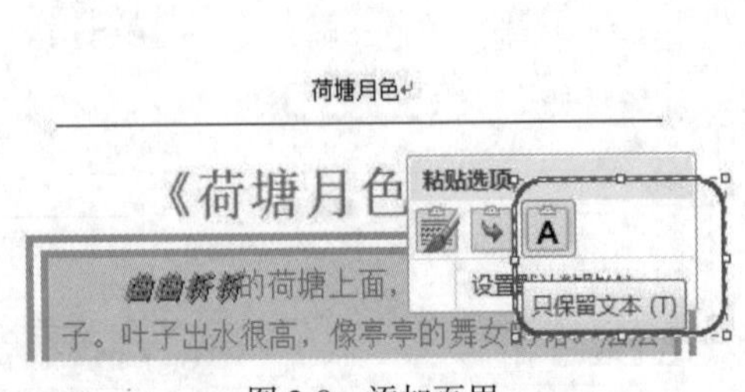

图 2-8　添加页眉

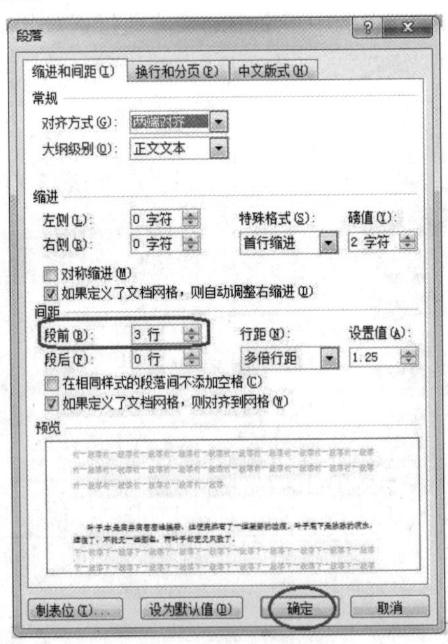

图 2-9　段间距的设置

任务二　分栏和首字下沉、格式替换、插入文本框

任务描述

打开“风景介绍（素材）.docx”，按操作步骤进行编辑，完成后的样式如图 2-10 所示。

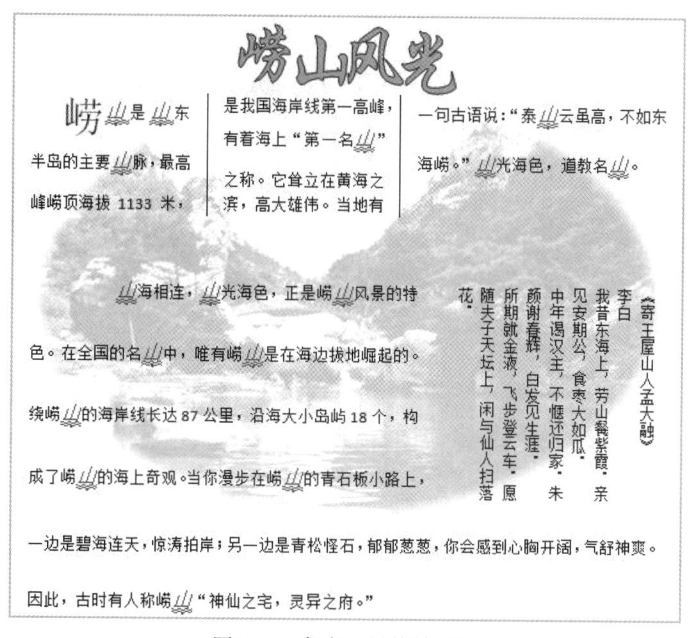

图 2-10　任务二最终效果图

操作步骤

步骤 1：打开“风景介绍（素材）.docx”素材，选中第 1 段文字，单击“页面布局”选项卡的“页面设置”组→“分栏”下拉按钮→“更多分栏”，将其分为栏宽不等的3栏（前两栏的宽度均为10字符，间距为 2 字符，剩下的字符统归第 3 栏），并加分隔线，单击“确定”按钮，如图 2-11 所示。

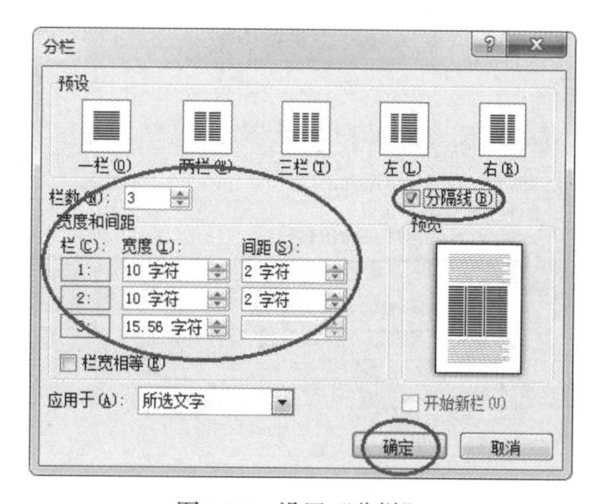

图 2-11　设置“分栏”

步骤 2：选中第 1 段的首个“崂”字，单击“插入”选项卡的“文本”组→“首字下沉”右侧的下拉按钮→在弹出的列表中选“首字下沉选项”，设置“下沉行数”为“2”，单击“确定”按钮，如图 2-12 所示。

步骤 3：单击“开始”选项卡的“编辑”组的“替换”选项，弹出“查找和替换”对话框。在“查找内容”中输入“山”；然后将插入点移至“替换为”中也输入“山”，再单击“更多”按钮，在展开的对话框左下部单击“格式”右侧的下拉按钮，在下拉列表中选择“字体”，在弹出的“替换字体”对话框的“字形”处选择“倾斜”，“字号”为“四号”，“字体颜色”为“红色”，“下划线线型”为双波浪线，“下划线颜色”为蓝色，有“着

重号”，如图 2-13 所示。

图 2-12　设置“首字下沉”

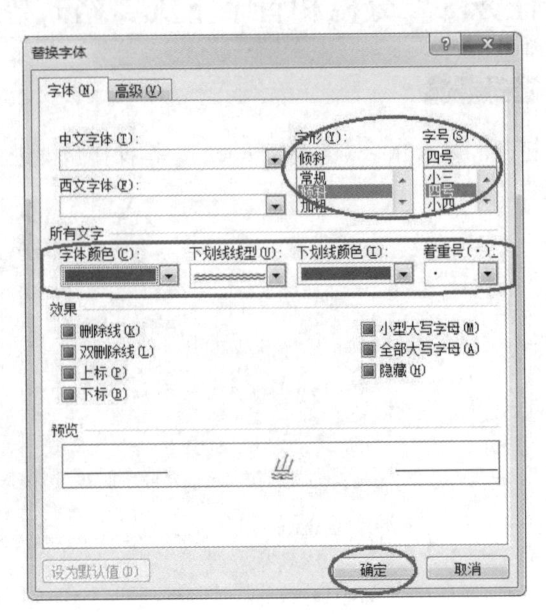

图 2-13　替换字体的设置

单击“确定”按钮后，“查找和替换”对话框的“替换为”“格式”处显示如图 2-14 所示（注：如果本步设置错误，可将插入点置于格式所在的输入框，然后单击此对话框底部的“不限定格式”进行清除），单击“全部替换”，即可将正文的“山”字替换为刚才设置的格式（标题是艺术字，非文本，属于图形，因此不会被替换）。

步骤 4：选中第 2 段文字，单击“开始”选项卡的“段落”组右侧下拉箭头，弹出“段落”对话框，设置“特殊格式”为“首行缩进”，“磅值”为“2 厘米”，“段前”为“2 行”，“段后”为“10 磅”，“行距”为“多倍行距”，“设置值”为“2.5”，如图 2-15 所示，最后单击“确定”按钮。

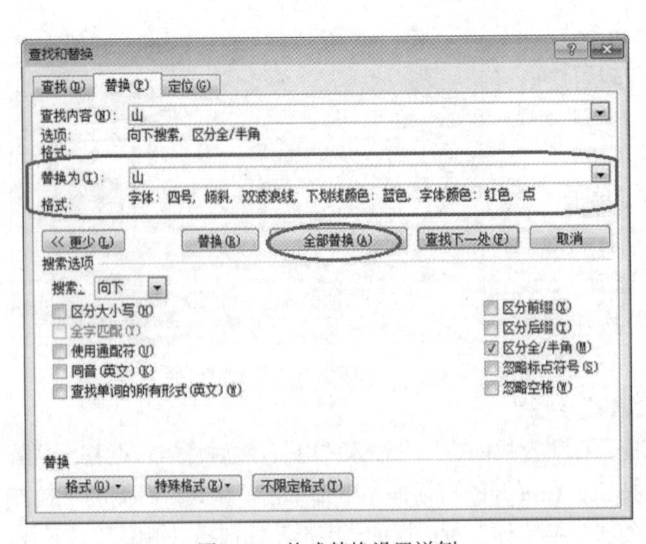

图 2-14　格式替换设置详例

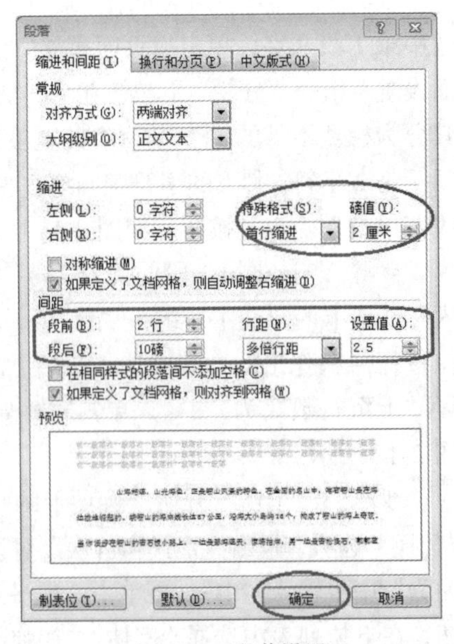

图 2-15　段落设置

步骤 5：单击“插入”选项卡的“文本”→“文本框”下拉按钮，选择“绘制竖排文本框”，光标呈“+”形时，拖动鼠标即可绘制；绘制好后，在激活的“文本框工具”→“格式”选项卡的“大小”组中设置其“高度”为 5 厘米，“宽度”为 5.5 厘米；在“排列”组的“文字环绕”下拉列表中选择“四周型环绕”，然后将《寄王屋山人孟大融》这首诗剪切粘贴到该文本框，单击“开始”选项卡“段落”组右侧的下拉箭头，在弹出的“段落”对话框中设置“特殊格式”为“无”，“行距”为“固定值”，“设置值”为“15 磅”，单击“确定”按钮。最后，单击“文本框工具”→“格式”选项卡→“文本框样式”组→“形状填充”下拉按钮→“无填充颜色”；再单击“形状轮廓”下拉按钮→“无轮廓”选项。

步骤 6：选中图片，在激活的“图片工具”→“格式”选项卡→“图片样式”下拉按钮→单击图 2-16（a）所示的“柔化边缘椭圆”；在“调整”组单击“颜色”下拉按钮，在下按列表中选择“重新着色”的第 4 个“冲蚀”，如图 2-16（b）所示。然后，在“排列”组单击“文字环绕”下拉按钮，选择“衬于文字下方”,如图 2-16（c）所示。最后，将该图片拖动到第 1 段和第 2 段文本的下方（注：此后要对“衬于文字下方”的对象进行修改，单击无法选取时，可在“开始”选项卡上的“编辑”组单击“选择”，在下拉列表中单击“选择对象”，然后单击选取图片，即可进行修改）。

步骤 7：将该文档另存为“学号 姓名 班级 风景介绍.docx”，保存在桌面上，以备提交。

（a）图片样式

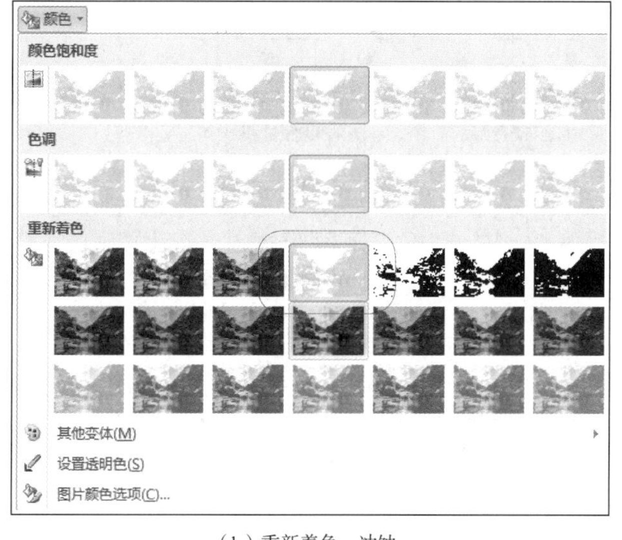

（b）重新着色—冲蚀

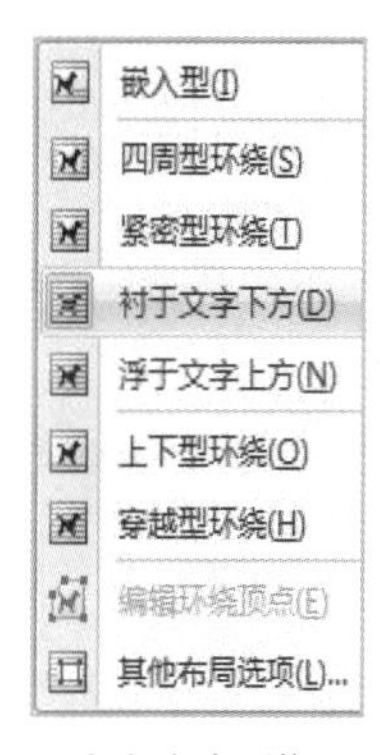

（c）文字环绕

图 2-16 设置并编辑图片

实验 2　表格的创建与设置

实验目的：通过本次实验，主要掌握 Word 表格的创建、编辑、设置、表格中的数据排序和计算，以及虚框表格的编辑与设计、图片的插入、剪裁及大小设置等。

任务一　表格的创建、排序与计算

任务描述

新建一个空白文档，创建一个标题为成绩表的表格，将学生按姓名的拼音升序排序，并计算各门课程的平均分和学生个人的总成绩，最后将文件名保存为“学号 姓名 班级 成绩表.docx”。完成后的样式如图 2-17 所示。

成绩表

<table>
<tr><td colspan="10">基本信息</td></tr>
<tr><td colspan="2">班级名称</td><td colspan="3"></td><td colspan="3">所属系别</td><td colspan="2"></td></tr>
<tr><td colspan="2">导员</td><td colspan="3"></td><td colspan="3">班主任</td><td colspan="2"></td></tr>
<tr><td colspan="1">班长</td><td colspan="2"></td><td colspan="2">学委</td><td colspan="2"></td><td colspan="2">体委</td><td colspan="1"></td></tr>
<tr><td colspan="10">本学期成绩</td></tr>
<tr><td colspan="2">姓名</td><td colspan="2">英语</td><td colspan="2">高数</td><td colspan="2">计算机</td><td colspan="2">总成绩</td></tr>
<tr><td colspan="2">冯七</td><td colspan="2">65</td><td colspan="2">90</td><td colspan="2">85</td><td colspan="2">240</td></tr>
<tr><td colspan="2">李四</td><td colspan="2">26</td><td colspan="2">96</td><td colspan="2">82</td><td colspan="2">204</td></tr>
<tr><td colspan="2">王五</td><td colspan="2">53</td><td colspan="2">75</td><td colspan="2">88</td><td colspan="2">216</td></tr>
<tr><td colspan="2">张三</td><td colspan="2">98</td><td colspan="2">88</td><td colspan="2">93</td><td colspan="2">279</td></tr>
<tr><td colspan="2">赵六</td><td colspan="2">89</td><td colspan="2">80</td><td colspan="2">90</td><td colspan="2">259</td></tr>
<tr><td colspan="2">平均分</td><td colspan="2">66.2</td><td colspan="2">85.8</td><td colspan="2">87.6</td><td colspan="2">239.6</td></tr>
<tr><td colspan="5">何时何地获得何奖励
□一等奖
□二等奖
□三等奖
奖金￥　　元</td><td colspan="5">何时何地受过何处分
□重大
□记过
□警告
根据城院【2017】1 号文</td></tr>
</table>

图 2-17　任务一最终效果图

操作步骤

步骤 1：从图 2-17 中可以看出，任务一最终效果图中的表所包含的最大行数为 13 行，所占行数最多的列数为 5 列。新建一个空白文档，在第一行输入“成绩表”，设置成“黑体、二号、居中”，回车换行；单击“插入”→“表格下拉按钮”→“插入表格”，在弹出的插入表格对话框中设置列数为“5”，行数为“13”，然后单击“确定”按钮，如图 2-18 所示。

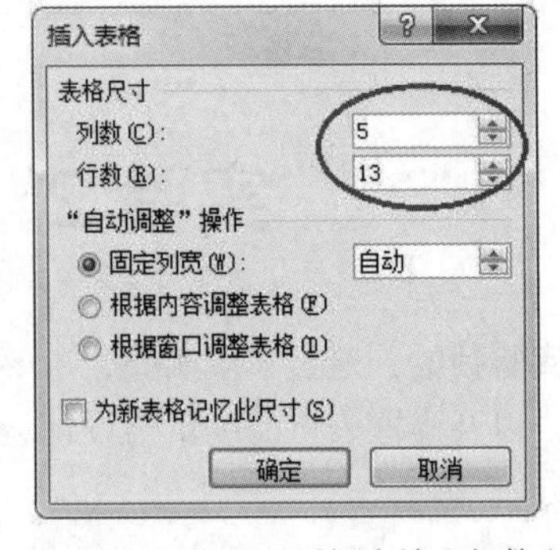

图 2-18　在插入表格对话框中填上行数和列数

步骤 2：选中表格第 1 行的所有单元格，单击“表格工具”→“布局”→“合并单元格”。选中 2、3

两行的所有单元格，单击“表格工具”→“布局”→“拆分单元格”，在弹出的对话框中设置列数为“4”，行数为“2”，单击“确定”按钮。选中第 4 行的所有单元格，单击“表格工具”→“布局”→“拆分单元格”，在弹出的对话框中设置列数为“6”，行数为“1”，单击“确定”按钮。选中表格第 5 行的所有单元格，单击“表格工具”→“布局”→“合并单元格”。按图 2-19 所示在对应的单元格录入文字内容。

<table>
<tr><td colspan="12">基本信息</td></tr>
<tr><td colspan="3">班级名称</td><td colspan="3"></td><td colspan="3">所属系别</td><td colspan="3"></td></tr>
<tr><td colspan="3">导员</td><td colspan="3"></td><td colspan="3">班主任</td><td colspan="3"></td></tr>
<tr><td colspan="2">班长</td><td colspan="2"></td><td colspan="2">学委</td><td colspan="2"></td><td colspan="2">体委</td><td colspan="2"></td></tr>
<tr><td colspan="12">本学期成绩</td></tr>
</table>

图 2-19　表中第 1 ~ 5 行的合并、拆分与文字输入

步骤 3：在第 6 ~ 12 行中依次输入以下内容，如图 2-20（a）所示；录入后，选中从“张三”至“冯七”的所有单元格，单击“表格工具”→“布局”→“排序”，在弹出的排序对话框中设置“主要关键字”为“列 1”，“类型”为“拼音”→“升序”，且“无标题行”，如图 2-20（b）所示；单击“确定”按钮，得到的排序结果如图 2-20（c）所示。

姓名	英语	高数	计算机	总成绩
张三	98	88	93	
李四	26	96	82	
王五	53	75	88	
赵六	89	80	90	
冯七	65	90	85	
平均分				

（a）表中第 6 ~ 12 行中应录入的内容

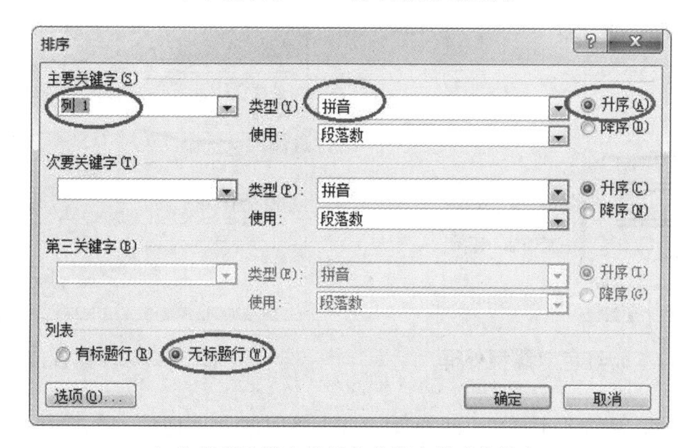

（b）将所有学生按姓名的拼音做升序排序

姓名	英语	高数	计算机	总成绩
冯七	65	90	85	
李四	26	96	82	
王五	53	75	88	
张三	98	88	93	
赵六	89	80	90	

（c）排序后的结果

图 2-20　6 ~ 12 行内容及排序

步骤 4：选中最后一行的所有单元格，单击“表格工具”→“布局”→“拆分单元格”，在弹出的对话框中设置列数为“2”，行数为“1”，单击“确定”按钮，分别在两个单元格中输入图 2-21 所示的内容。

何时何地获得何奖励 □一等奖 □二等奖 □三等奖 奖金￥　　元	何时何地受过何处分 □重大 □记过 □警告 根据城院【2017】1 号文

图 2-21　最后一行需输入的内容

步骤 5：选中 1～12 行，单击“表格工具”→“布局”→“单元格大小”→“高度‘1 厘米’”、“对齐方式”→“水平居中”。选中第 13 行，单击“表格工具”→“布局”→“单元格大小”→“高度‘9 厘米’”，“对齐方式”→“靠上两端对齐”，“开始”→“段落”→“1.5 倍行距”。单击表格左上方的全选按钮⊞，将表格内的所有字体设置为宋体、小四号、西文设置成 Times New Roman。单击“全选”按钮，在“表格工具”→“设计”→“绘图边框”组中将线型选为“双线、1.5 磅”、笔颜色为“红色”，再单击“边框”右侧的下拉按钮，选“外侧框线”（见图 2-22），即可给表格加上 1.5 磅红色双线型外框。

步骤 6：计算各位学生的总成绩。计算第 1 位学生的总成绩：单击要计算总成绩的单元格，使插入点在其中闪烁，单击“表格工具”→“布局”→“数据”组的“公式” fx 公式 按钮，在弹出的公式对话框的“公式”栏中直接显示了快捷公式“=SUM(LEFT)”，选中该公式将它复制下来，单击“确定”按钮，如图 2-23 所示。计算其他学生的总成绩，按上述步骤调出公式对话框后，直接将刚才复制的公式粘贴到“公式”栏中，单击“确定”按钮。

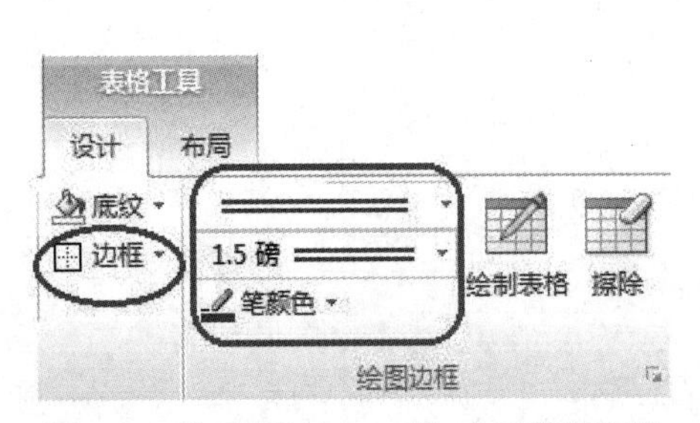

图 2-22　给表格加上 1.5 磅红色双线型外框

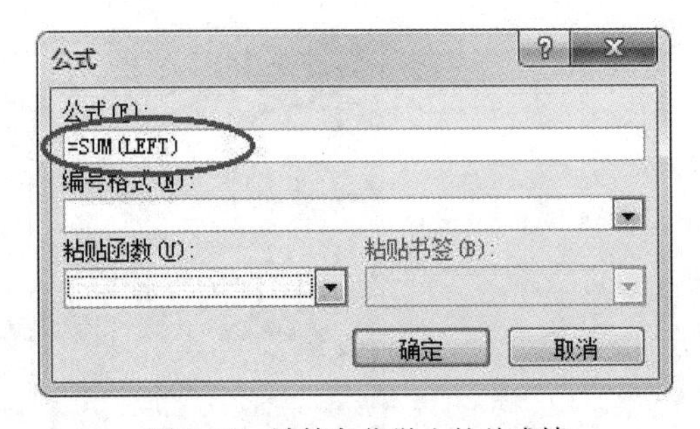

图 2-23　计算各位学生的总成绩

步骤 7：计算各门课程的平均分。计算第 1 门课程的平均分：单击要计算平均分的单元格，使插入点在其中闪烁，单击“表格工具”→“布局”→“数据”组的“公式” fx 公式 按钮，在弹出的公式对话框的“粘贴函数下拉菜单中选择 AVERAGE，然后将“公式”栏中改为“=AVERAGE(ABOVE)”，选中该公式将它复制下来，单击“确定”按钮，如图 2-24 所示。计算其他课程的平均分，按上述步骤调出公式对话框后，直接将刚才复制的公式粘贴到“公式”栏中，单击“确定”按钮。

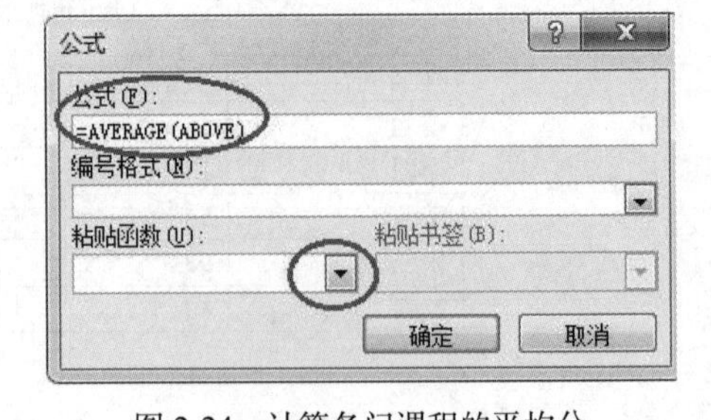

图 2-24　计算各门课程的平均分

注意

如行标题或列标题也为数值型内容时，不可以使用快捷公式，而要手动数出要计算单元格的列标（A、B、C 等大写字母）和行号（1、2、3 等阿拉伯数字），以逗号“,”表示引用不连续的单元格或单元格区域，以冒号“:”表示引用连续的单元格区域。

任务二　虚框表格的编辑与设计

任务描述

新建一个空白文档，运用图片素材“LOGO.JPG”和虚框表格制作一个论文封面，并将文件名保存为“学号 姓名 班级 论文封面.docx”，完成后的样式如图 2-25 所示。

西安交通大學城市学院

本 科 毕 业 设 计 （ 论 文 ）

题　　目	学生就业管理信息系统的设计与实现		
系　　别	计算机科学与信息管理系		
专　　业	信息系统与信息管理		
班　　级	本人班级	学号	本人学号
学生姓名	本人姓名		
指导老师	本课程主讲教师		

2017 年 6 月

图 2-25　任务二最终效果图

操作步骤

步骤 1：新建一个空白文档，单击“开始”选项卡→“段落”组→显示/隐藏编辑标记。按回车键空 2 行，在第 3 行插入图片“LOGO.JPG”。选择“图片工具”→“格式”→“大小”组中的“裁剪”，只留“西安交通大学城市学院”字样并居中。然后再单击“大小”右侧的下拉箭头，在弹出的“布局”对话框“大小”选项卡中（见图 2-26）去掉“锁定纵横比”的勾选，然后在“高度”栏填写 1.15 厘米、“宽度”栏填写 10 厘米，并单击“确定”按钮。

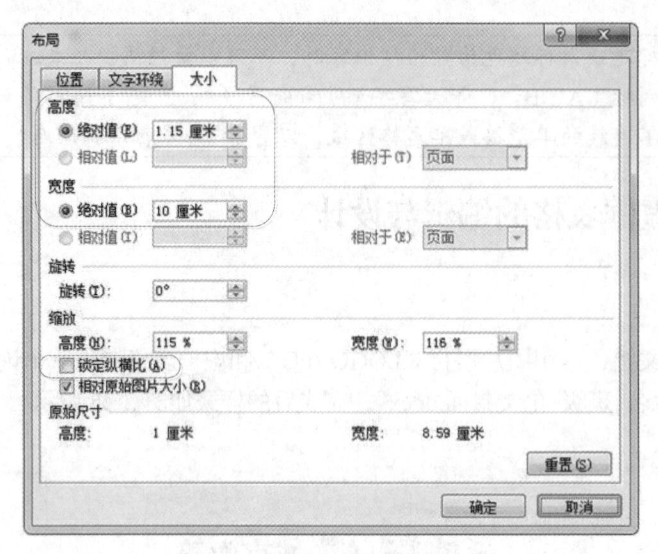

图 2-26 设置 LOGO 图片的大小

步骤 2：在第 4 行输入“本科毕业设计（论文）”字样，选中这些文字，在“开始”选项卡→“字体”组中设置成“宋体、小一、加粗、居中”；再单击“开始”选项卡→“字体”组右侧的下拉箭头，在弹出的“字体”对话框中切换到“高级”选项卡，设置“间距”为“加宽”，“磅值”为 5.5 磅，如图 2-27（a）所示。最后单击“开始”选项卡→“段落”组右侧的下拉箭头，在弹出的“段落”对话框中设置“段前、段后”均为 0 行，“行距”为单倍行距，如图 2-27（b）所示。

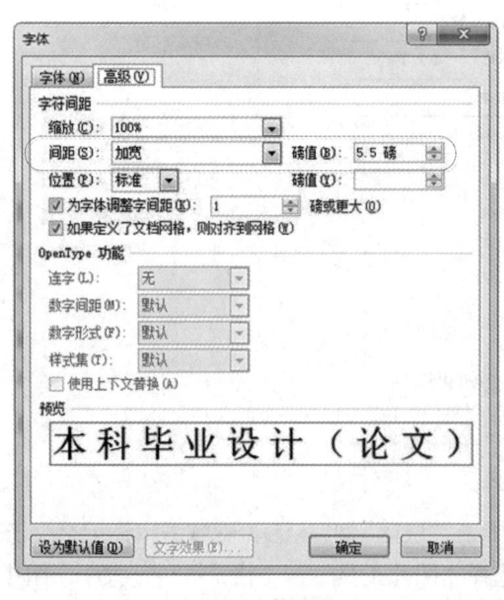

（a）设置字符间距

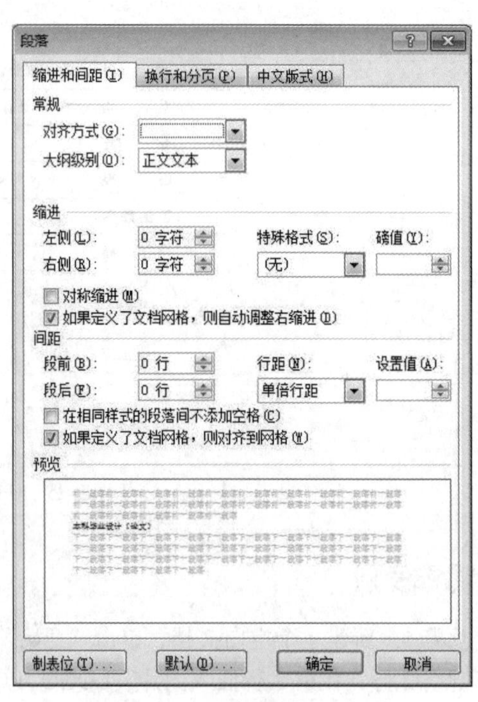

（b）设置段落

图 2-27 设置字符间距、段落

步骤 3：按回车键，空 1 行。在第 6 行插入图片“LOGO.JPG”。选择“图片工具”→“格式”→“大小”组中的“裁剪”，只留红色圆形校徽，居中。然后再单击“大小”右侧的下拉箭头，在弹出的“布局”对话框“大小”选项卡中去掉“锁定纵横比”的勾选，在“高度”栏和“宽度”栏都填写 3.5 厘米。

步骤 4：按回车键，空 4 行。插入点在第 11 行闪烁，此时，单击“插入”选项卡→“表格”下拉按钮→拖动网格插入一个 4×6 的表格（其他插入方式也可）。在第 1 列依次输入如图 2-28 所示的“题目…指导老师”等内容，然后分别合并第 1、2、3、5、6 行的第 2、3、4 列，按图 2-28 所示依次输入剩余信息，注意将“班级、学号、学生姓名、指导老师”替换成本人信息。输入完成后，选中整表，在“开始”选项卡→“字体”组中设置成“宋体、四号、加粗”；并在“段落”组单击≡使表格居中；再单击“表格工具”→“设计”选项卡→“表格样式”组的“边框”右侧下拉按钮→“无框线”；然后按住 Ctrl 键依次选中图 2-28 所示的带下划线的文本所在单元格，单击“表格工具”→“设计”选项卡→“表格样式”组的“边框”右侧下拉按钮→“下框线”。

单击表格左上角的全角按钮，再单击“开始—字体”对话框启动器，在“高级”选项卡中将字符“间距”设置为“标准”，并单击“确定”按钮。选中第一列，在“开始—段落”组中设置分散对齐▤。

题　　目	学生就业管理信息系统的设计与实现		
系　　别	计算机科学与信息管理系		
专　　业	信息系统与信息管理		
班　　级	本人班级	学号	本人学号
学生姓名	本人姓名		
指导老师	本课程主讲教师		

图 2-28　封面文字信息示例

步骤 5：字号为五号的情况下按回车键空 6 行。在第 23 行输入“2017 年 6 月”字样，选中该文本并设置成“宋体、四号、居中”。

步骤 6：将该文档另存为自己的“学号 姓名 班级 论文封面.docx”，并存放在桌面，关闭后以备提交。

实验 3　自选图形、艺术字、页面设置

实验目的：通过本次实验，主要掌握文本中自选图形或图片的插入与编辑、艺术字的设计、图文混排方式、页眉和页脚、页面设置等知识。

任务一　自选图形及艺术字的编辑与设计

任务描述

新建一个空白文档，利用 Word 中的自选图形和艺术字制作图 2-29 所示的“光照图”。

光照图

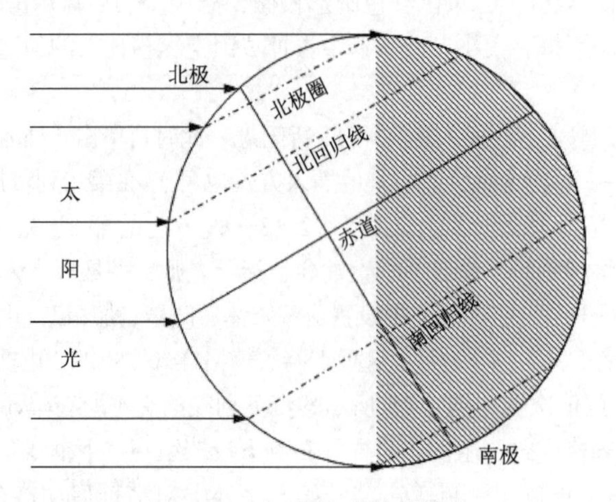

图 2-29 “光照图”最终效果图

操作步骤

步骤 1：打开 Word 2010，新建一个空白文档，在“页面布局”选项卡→“页面设置”组→“纸张方向”中→设置“横向”。在第 1 行输入“光照图”字样，选中并设置成“黑体、小二、居中”，然后回车换行。

步骤 2：单击“插入”选项卡→“插图”组→“形状”下拉按钮→“新建绘图画布”；此时“文本框工具”的“格式”选项卡被激活，在“大小”组中设置该文本框的高度为 13 厘米，宽度为 24 厘米，如图 2-30 所示。

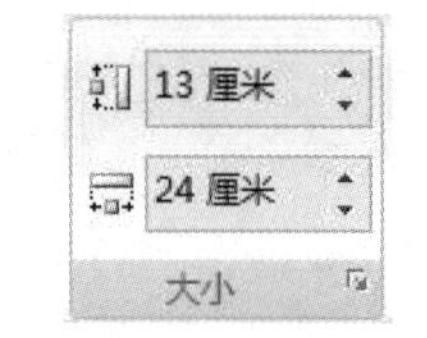

图 2-30 设置绘图画布大小

注：在 Word 中制图，先插入绘图画布做画板是为了使后续排版中，图形和文本混排时不会散乱变形，也是为了更方便选定和操作（需要注意的是，在实际考试中做题时，不允许插入画布）。

步骤 3：在“插入”选项卡→“插图”组→“形状”下拉按钮→“基本形状”单击“椭圆”，光标呈“+”形时，按住 Shift 键并拖动鼠标可画出一个正圆，此时“绘图工具”的“格式”选项卡被激活，在“大小”组中设置该圆的高度和宽度均为 10 厘米，在“形状样式”组单击“形状填充”右侧的下拉按钮，在下拉列表中选“渐变→其他渐变”（或“纹理→其他纹理”也可），在弹出的“设置形状格式”对话框中单击“填充”选项卡中的“图案填充”，选择第 1 排的第 3 个“浅色下对角线”（注意前景色为黑色，背景色为白色，如图 2-31 所示），单击“关闭”按钮。移动该圆使其居中。

步骤 4：在“插入”选项卡→“插图”组→“形状”下拉按钮→选择“矩形”，光标呈“+”形时，按住鼠标左键画出一个长方形，此时“绘图工具”的“格式”选项卡被激活，在“大小”组中设置该长方形高度为 10 厘米、宽度为 5 厘米。按 Shift 键+鼠标选中长方形和上一步画出的圆形，在“页面布局”选项卡→“排列”组→单击“对齐“下拉按钮，先“左对齐”，再“顶部对齐”。然后只选长方形，在“形状样式”组单击“形状轮廓”右侧的下拉按钮，在下拉列表中选“无轮廓”，如图 2-32 所示。

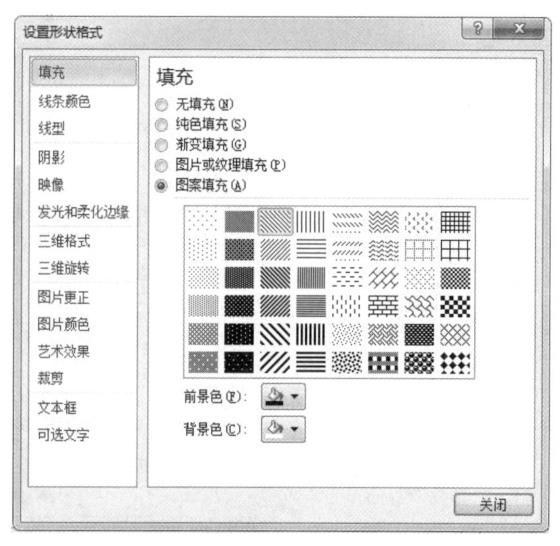

图 2-31　设置圆形的填充效果

步骤 5：在“插入”选项卡→“插图”组→“形状”下拉按钮→“基本形状”中单击“椭圆”，光标呈“+”形时，按住 Shift 键并拖动鼠标可画出一个正圆，此时“绘图工具”的“格式”选项卡被激活，在“大小”组中设置该圆的高度和宽度均为 10 厘米，在“形状样式”组单击“形状填充”右侧的下拉按钮，在下拉列表中选“无填充颜色”。移动该圆使其与第 1 个圆重合，如图 2-33 所示。

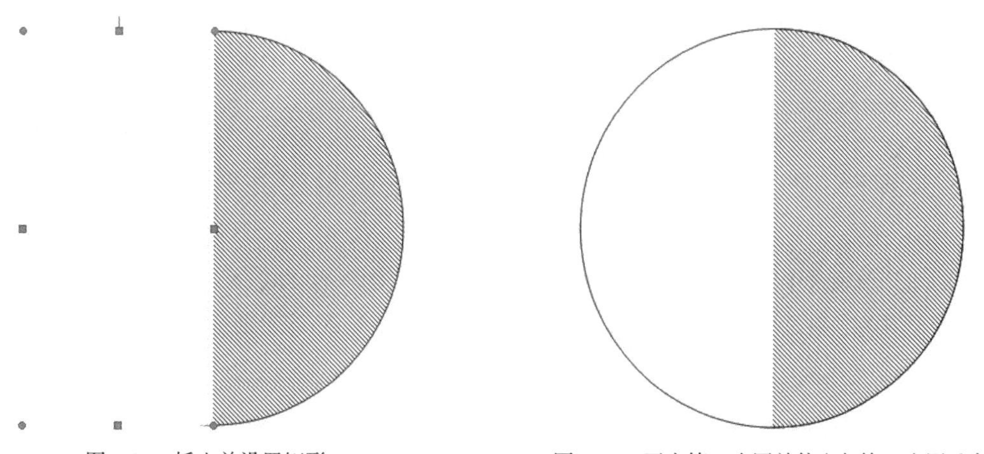

图 2-32　插入并设置矩形　　　　图 2-33　画出第 2 个圆并使之与第 1 个圆重合

步骤 6：使用插入自选图形的方式画出 6 条线，操作略。然后按住 Shift 键+鼠标选中图 2-34（a）所示的 1、2、4、5 线条，在“形状样式”组中单击“形状轮廓”右侧的下拉按钮，在下拉列表中选“虚线”→“划线-点”，如图 2-34（b）所示。

步骤 7：使用插入自选图形的方式画出 7 个宽度均为 8.5 厘米的箭头，如图 2-35（a）所示。使它们与刚才所画的线段左端相交，然后选中这 7 个箭头，在“排列”组单击“对齐”下拉按钮，选“左对齐”；并单击“形状样式”组右侧的下拉箭头，在拉列表中单击“箭头”→“其他箭头”，在弹出的“设置形状格式”→“线型”对话框中，设置“后端类型”为第 2 个，如图 2-35（b）所示。

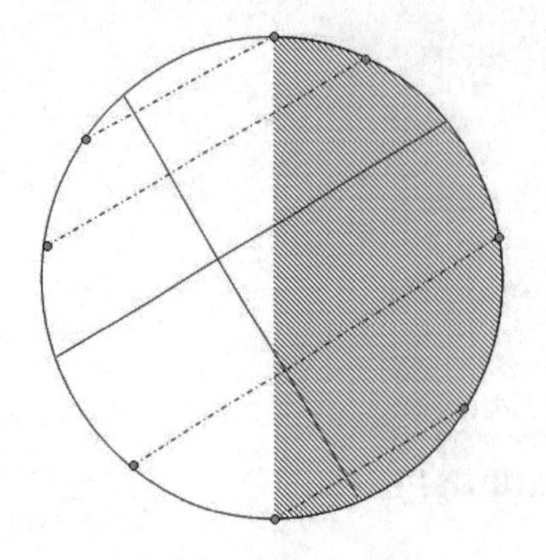

（a）选中 1、2、4、5 四条线

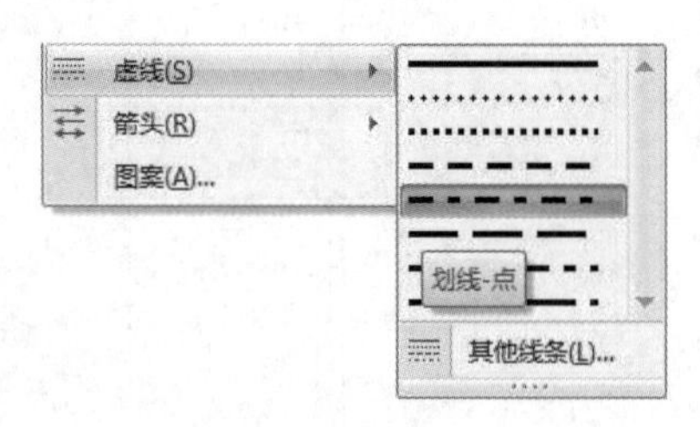

（b）设置为“划线-点”

图 2-34　插入线条并进行设置

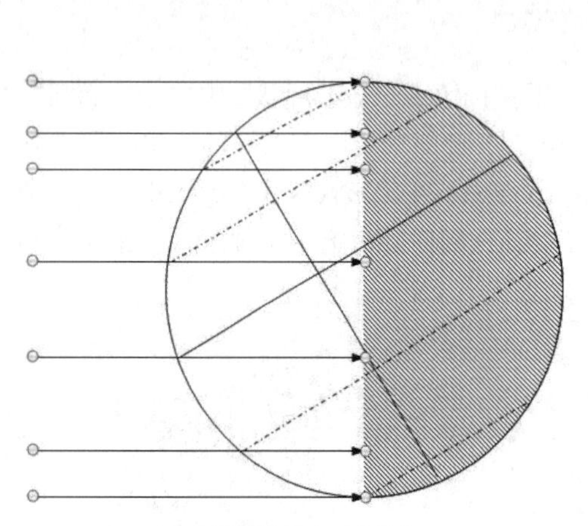

（a）画出并选中 7 个箭头

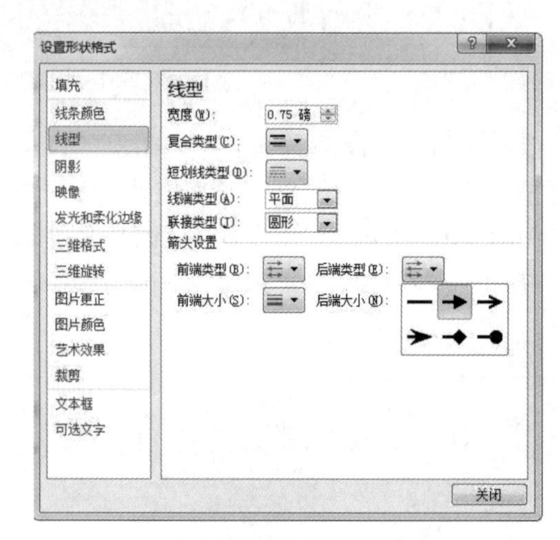

（b）设置箭头的后端类型

图 2-35　插入箭头并进行设置

步骤 8：单独选中第 2 个箭头，单击“大小”组“宽度”的“减少”按钮，直到该箭头缩至与线段左端相对。再选中第 3 个箭头，执行相同的操作；第 4、5、6 个箭头同上。完成后如图 2-36 所示。

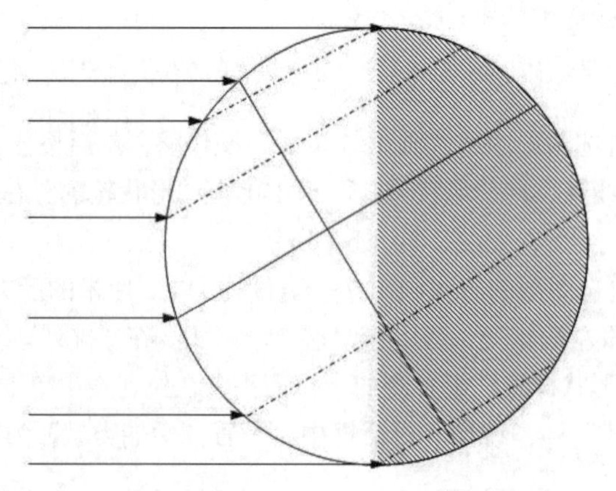

图 2-36　逐个减少 2、3、4、5、6 箭头的宽度

步骤 9：文字输入。插入艺术字，并改变艺术字的“文字环绕”方式为“浮于文字上方”，才便于调整文字的角度和位置；同时应注意艺术字的“高度”应为统一尺寸，“宽度”按高度 × 文字个数（例如，高度为 0.35 厘米，“南极”共 2 个字，宽度为 0.35 × 2=0.7 厘米）。该步骤比较简单，操作略。完成后如图 2-37 所示。

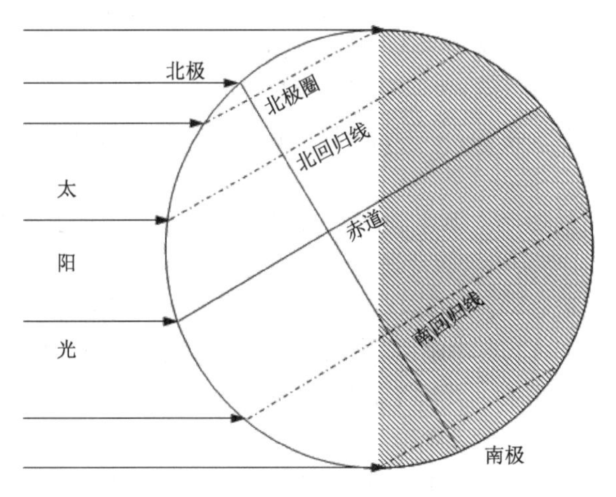

图 2-37　插入并设置艺术字

步骤 10：选中“文本框”，单击“文本框样式”组“形状轮廓”右侧的下拉按钮，设置为“无轮廓”，结果如图 2-29 所示。单击“文件”按钮，将该文档另存为“学号 姓名 班级 光照图.docx”，以备提交。

任务二　页面设置及页眉页脚

任务描述

打开实验素材“艾宾浩斯遗忘曲线（素材）.docx”，将素材分节，并设置 1、2、4 页的纸张方向为纵向，第 3 页为横向，并添加页眉和页码，完成后的效果如图 2-38 所示。

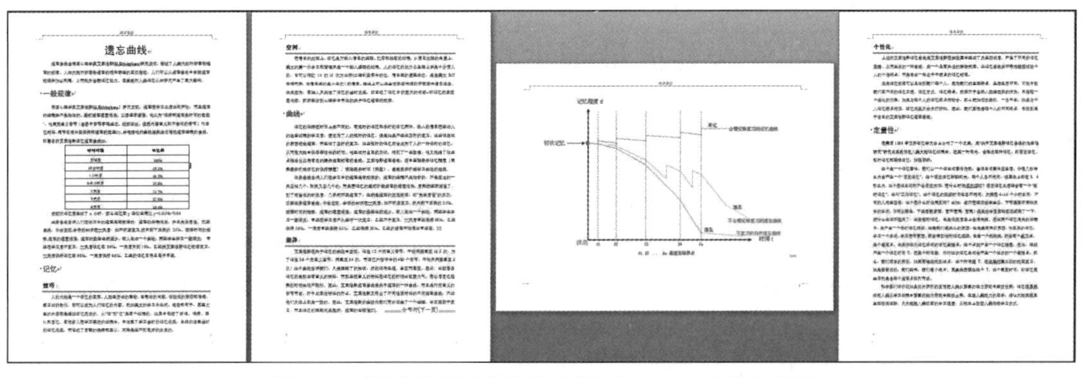

图 2-38　“艾宾浩斯遗忘曲线（素材）.docx”最终效果图

操作步骤

步骤 1：打开“艾宾浩斯遗忘曲线（素材）.docx”，将插入点定位于第 2 页的最后一段末尾处，单击“页面布局”选项卡→“页面设置”组→“分隔符”下拉按钮→“下一页”；然后将插入点定位于第 3 页图片尾部，同样单击“页面布局”选项卡→“页面设置”组→“分隔符”下拉按钮→“下一页”，这样就把图片单独划分到第 3 页上了。

步骤 2：将插入点定位于第 3 页的首行，按 Delete 键将图片提升至首行；单击“页面布局”选项卡→“页面设置”组→“纸张方向”下拉按钮→“横向”。此时，第 3 页是横向页面。

步骤 3：单击“页面布局”选项卡→“页面设置”组→“页边距”下拉按钮→下拉列表中选“自定义边距”→弹出“页面设置”对话框，设置“左边距”中的“上”和“下”均为 2.3 厘米，“左”和“右”均为 3 厘米，并单击“应用于”右侧的下拉按钮→“整篇文档”→“确定”按钮。

步骤 4：单击第 3 页的图片，此时“图片工具”→“格式”选项卡被激活，设置其“大小”组的“高度”为 14 厘米，然后设置图片居中。

步骤 5：双击任意一页文本上方的空白区域，即可激活“页眉页脚工具”→“设计”选项卡，在其中的“位置”组设置“页脚底端距离”为 1.5 厘米，并在“选项”组勾选“奇偶页不同”，然后使用鼠标滚轮将文档翻动至第 1 页，将插入点定位在第 1 页“页眉”处，输入“遗忘曲线”；再将插入点定位在第 1 页“页脚”处，单击“页眉和页脚”组的“页码”下拉按钮，在下拉列表中选“页面底端”→“普通数字 3”。然后将插入点定位在第 2 页“页眉”处，仍输入“遗忘曲线”；再将插入点定位在第 2 页“页脚”处，单击“页眉和页脚”组的“页码”下拉按钮，在下拉列表中选“页面底端”→“普通数字 1”。最后，单击“关闭页眉和页脚”按钮（或双击文本区域跳出页眉页脚的编辑）。

步骤 6：将文件另存为“学号 姓名 班级 艾宾浩斯遗忘曲线.docx”，保存在桌面，以备提交。

实验 4　文字处理综合应用

实验目的：通过本次实验，掌握批量文档生成（如准考证、邀请函等等）和长篇文档的排版方法。包括：字体格式、段落格式、标题级别、页码格式等基本格式进行设置和编辑；目录的生成与编辑、修订替换等功能的使用。

任务一　使用邮件合并批量制作准考证

任务描述

当我们希望创建一组文档（如一封寄给多个客户的套用信函或一个地址标签页），可以使用邮件合并。每个信函或标签含有同一类信息，但内容各不相同。例如，在致客户的多个信函中，可以对每个信函进行个性化，称呼每个客户的姓名。每个信函或标签中的唯一信息都来自数据源中的条目。

邮件合并过程中需要执行以下步骤。

（1）设置主文档。主文档包含的文本和图形会用于合并文档的所有版本。例如，套用信件中的寄信人地址或称谓。

（2）将文档连接到数据源。数据源是一个文件，它包含要合并到文档的信息。例如，信函收件人的姓名和地址。

（3）调整收件人列表或项列表。Word 为数据文件中的每一项（或记录）生成主文档的一个副本。如果数据文件为邮寄列表，这些项可能就是收件人。如果只希望为数据文件中的某些项生成副本，可以选择要包括的项（记录）。

（4）向文档添加占位符（称为邮件合并域）。执行邮件合并时，来自数据源文件的信息会填充到邮件合并域中。

（5）预览并完成合并。打印整组文档之前可以预览每个文档副本。

使用 Word 2010 的邮件合并功能可以批量制作会议通知、请柬、成绩单、工资条等，下面以制作批量准考证为例进行讲解。

操作步骤

步骤 1：创建“准考证（主文档）.docx”和“准考证（数据源）.xlsx”两个素材，并进行格式设定，完成后如图 2-39 所示。

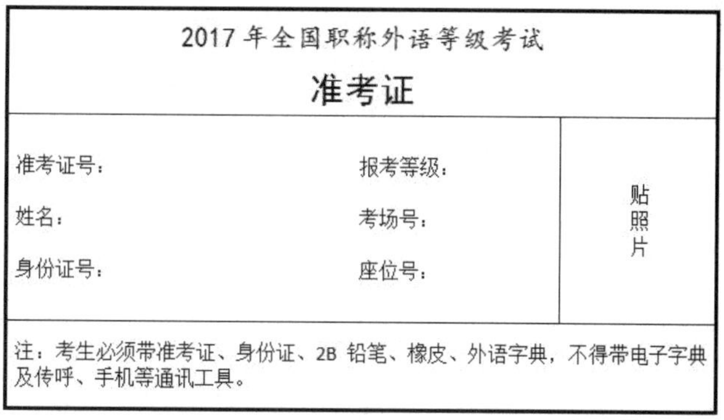

2017 年全国职称外语等级考试

准考证

准考证号：　　报考等级：

姓名：　　考场号：

身份证号：　　座位号：

贴照片

注：考生必须带准考证、身份证、2B 铅笔、橡皮、外语字典，不得带电子字典及传呼、手机等通讯工具。

（a）“准考证（主文档）.docx”完成示例

	A	B	C	D	E	F
1	准考证	姓名	身份证号	报考等级	考场号	座位号
2	99010210	王大伟	132801198001012576	理工B	001	15
3	99010211	马红军	132801197501012719	理工A	003	6
4	99010212	李　梅	610201197701011822	卫生A	005	7
5	99010213	吴一凡	153605197201013353	综合A	006	12
6	99010214	唐小飞	151008198501011312	综合B	007	18

（b）“准考证（数据源）.xlsx”完成示例

图 2-39　素材完成示例

步骤 2：在 Word 2010 中打开“准考证（主文档）.docx”→单击“邮件”选项卡→“开始邮件合并”组→“开始邮件合并”下拉按钮，在下拉列表中单击“邮件合并分步向导”，在编辑区的右侧显示“邮件合并”任务窗格，如图 2-40 所示，从中选择合适的文档类型。本例中我们选择“信函”，并单击“下一步：正在启动文档”按钮。

步骤 3：选定“使用当前文档”，单击“下一步：选取收件人”按钮，如图 2-41 所示（使用当前正在编辑的文档，或使用模板、现有文档来设置信函。如果使用正在编辑的文档，那就要在文档的某些位置预留适当的空白区域；若使用的是模板，则不要轻易删除或修改模板原有的格式）。

步骤 4：选取收件人。收件人列表要事先编辑好，或者直接使用 Outlook 中的联系人列表，本例中指步骤 1 中事先编辑好“准考证（数据源）.xlsx”，因此选定“使用现有列表”，如图 2-42 所示，并单击“浏览”按钮。

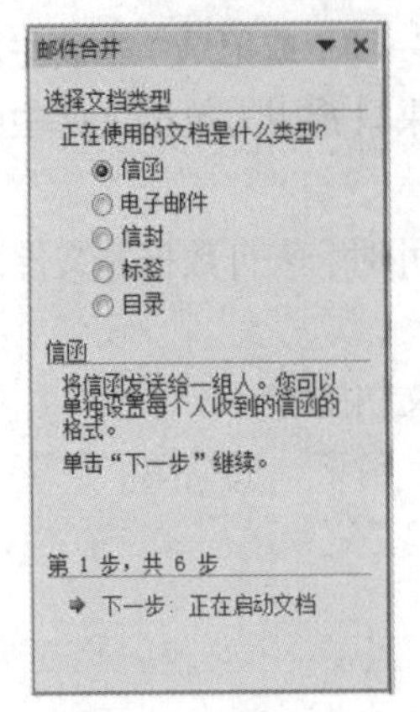

图 2-40　邮件合并分步向导——第 1 步

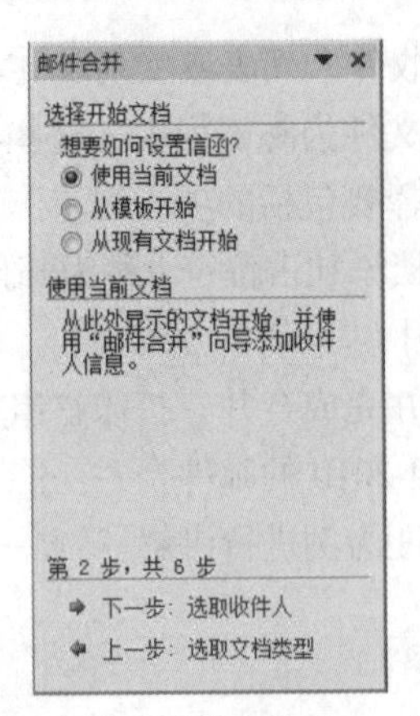

图 2-41　邮件合并分步向导——第 2 步

在弹出的“选取数据源”对话框中找到收件人列表文件所在路径并选中文件名，如图 2-43 所示，然后单击“打开”按钮。

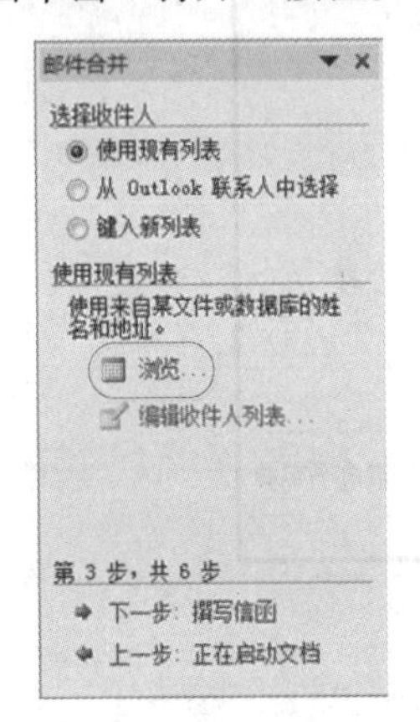

图 2-42　邮件合并分步向导——第 3 步

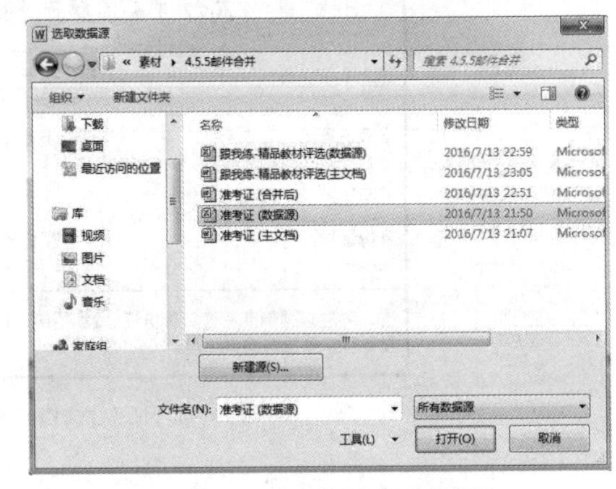

图 2-43　“选取数据源”对话框

弹出“选择表格”对话框，如图 2-44 所示。由于该数据源首行包含列标题，因此需勾选该对话框下部的“数据首行包含列标题”，单击“确定”按钮。

弹出图 2-45 所示的“邮件合并收件人”对话框，在本步骤中还可以在列表中选择部分收件人，以及重新编辑收件人的信息，单击“确定”按钮。

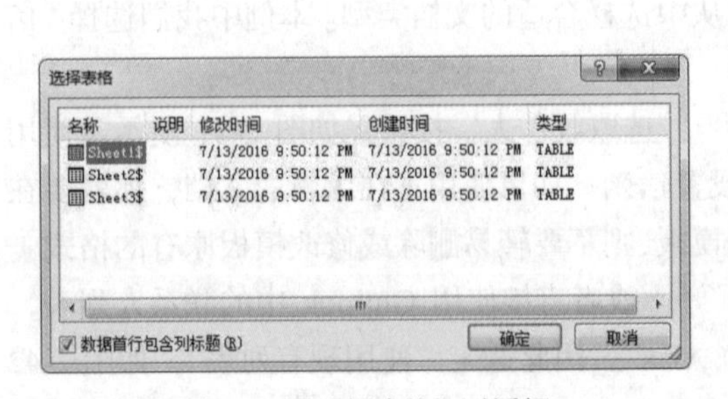

图 2-44　“选择表格”对话框

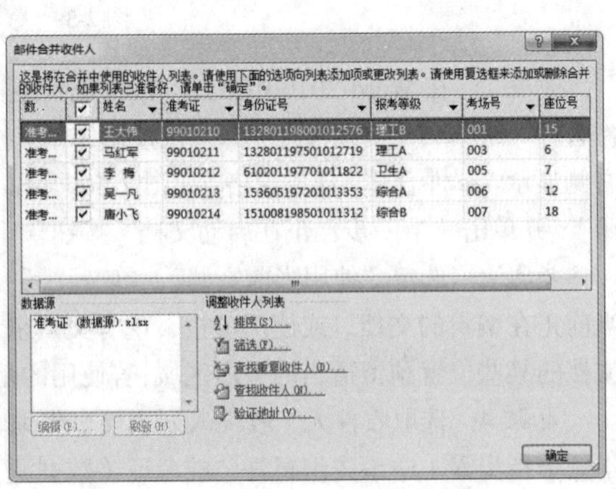

图 2-45　“邮件合并收件人”对话框

然后单击“下一步：撰写信函”按钮。

步骤 5：在选择了收件人之后便可以进一步编辑准考证了。本例将插入点定位在“主文档”的“准考证号”字样后面，在图 2-46（a）所示的“邮件合并”窗格中单击“其他项目”按钮，弹出图 2-46（b）所示的“插入合并域”对话框，选择“准考证”，单击“插入”按钮；重复上述操作直到“姓名……座位号”等合并域都插入完毕，得到图 2-46（c）所示的结果，单击“下一步：预览信函”按钮。

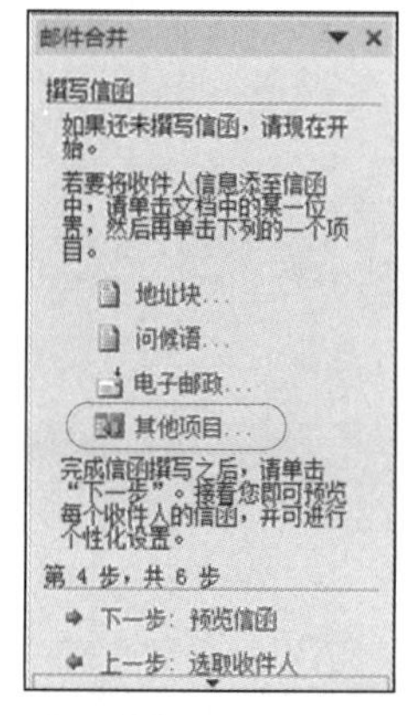

（a）单击“其他项目”

（b）插入合并域

2017 年全国职称外语等级考试 准考证		
准考证号：«准考证» 姓名：«姓名» 身份证号：«身份证号»	报考等级：«报考等级» 考场号：«考场号» 座位号：«座位号»	贴 照 片
注：考生必须带准考证、身份证、2B 铅笔、橡皮、外语字典，不得带电子字典及传呼、手机等通讯工具。		

（c）“插入合并域”结果示例

图 2-46　邮件合并分步向导——第 4 步

步骤 6：如图 2-47 所示，在该步骤可以单击“收件人”两边的“《”和“》”符号预览上一页或下一页的内容，还可以“排除此收件人”。若还存在问题，可以单击“上一步：撰写信函”按钮，回到前面任意步骤进行修改。如没有问题，则单击“下一步：完成合并”按钮。

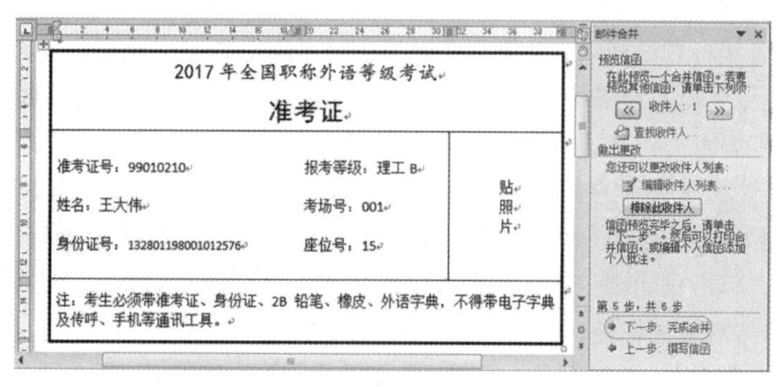

图 2-47　邮件合并分步向导——第 5 步

步骤 7：如图 2-48（a）所示，我们已完成合并，并可“打印”或“编辑单个信函”。“打印”指合并到打印机，本例选择“编辑单个信函”，在弹出的“合并到新文档”对话框中选择“全部”并“确定”，按钮，如图 2-48（b）所示。合并结果自动生成以“信函 1”为名的 docx 文档，此时，我们可以单击文件按钮，将该文档“另存为”——“学号 姓名 班级 准考证（合并后）.docx”，以备提交。

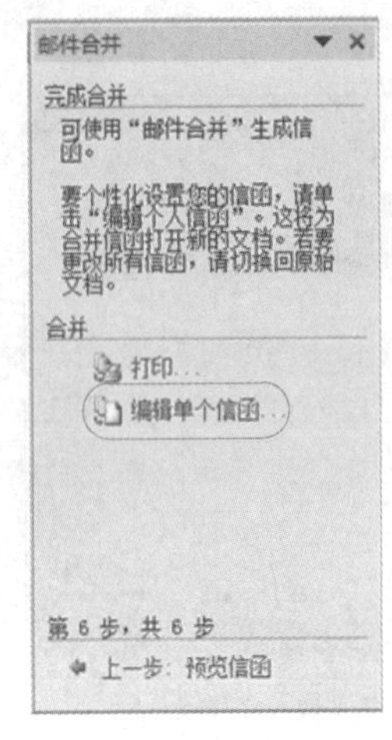

（a）完成合并后的操作

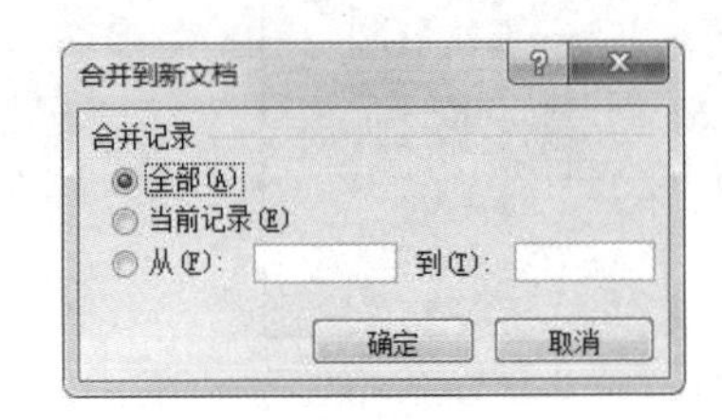

（b）合并到新文档

图 2-48　邮件合并分步向导——第 6 步

根据上例，使用配套素材包中的“精品教材评选（主文档）、（数据源）”两个文件，试用邮件合并完成精品教材评选邀请函的批量制作。

任务二　长文档的编排——论文排版

任务描述

打开实验素材“论文（素材）.docx”，按操作步骤为文档设置封面、标题样式、正文、参考文献等，并设置奇偶页不同的页眉页脚和页码，给素材分节、添加项目符号和编号、实现图文混排，最后自动生成目录。

操作步骤

步骤 1：打开“论文（素材）.docx”，调出标尺、导航窗格、显示所有格式标记。

步骤 2：设置各级标题的样式。一级标题设为三号黑体字居中，段前段后设为自动，2 倍行距。二级标题设为小三号黑体左对齐排列，1.25 倍行距。技巧：先将各级标题设置好，再选中某一级标题，“开始”→“编辑”→“选择”→“选定所有格式类似的文本”，进行相应的字体设置和段落设置，即可一次性将该级别的全部标题排版好（本例中使用这种方式设置标题 1、标题 2 只需执行两次）。另外还可以设定好一个标题后，使用“格式刷”将同类别的标题刷上相同的格式（“开始”→“格式刷”：单击只能刷一次，双击可以刷多次）。设置好标题后，我们就可以在“文档结构图”任务窗格单击对应的标题在文档中进行快速跳转了。

步骤 3：设置正文文本：首行缩进 2 字符，中文设为宋体小四号字，西文设为 Times New Roman

小四号字，行距 1.25 倍。技巧：先选定某一段正文，“开始”→“编辑”→“选择”→“选定所有格式类似的文本”，进行相应的字体设置和段落设置，即可将与选定正文类似的全部文本排版好。不怕麻烦也可以使用格式刷。注：带自动编号的正文会视为不同类型，需要另行选定并设置。

步骤 4：插入前面所述实例中已编辑好的“论文封面”。

步骤 5：给素材分节，让每个新的章节均开始于奇数页：两种方式。

使用“页面布局”→“分隔符”→“(分节符)下一页”，例如：::::::::分节符(下一页)::::::::

或使用“页面布局”→“分隔符”→“(分节符)奇数页”，例如：::::::::分节符(奇数页)::::::::

注：前者无论编辑状态还是打印状态都较为直观，但实际遇某章节的内容有增减时需要检查该章是否结束在偶数页，从而增删空白页（增加空白页时使用“页面布局”→“分隔符”→“分页符”，如图…………分页符…………）以确保后续章节开始于奇数页；后者无论前一章节有任何内容增减，都无须检查，能确保下一章节开始于奇数页，但在编辑状态下不太直观，有隐含页，编辑时只能从左下角的“页面”状态信息进行判断，或在打印预览方式下才可直观地看到隐含页（“分节符”→“偶数页”与此类同，指新的章节都开始于偶数页，同样也是编辑时显示不太直观，打印预览时才能显示完整）。

步骤 6：更改项目编号：将文中以“A.B.C…”开头的序号统一改成“1)、2)、3)…”类型的编号。注意：如因使用“格式刷”导致编号延续上一处的编号而出现后续编号时，将光标定位到需要从 1 开始编号的位置上→单击鼠标右键→在快捷菜单中选择“重新开始于 1”（操作后如遇首条文本缩进发生变化，使用格式刷复制下一条文本对其进行格式设置，或手动调整标尺，或在“段落”中设置“特殊格式”使文本对齐）。

步骤 7：图文混排：按文中第 3 章的要求在标志处插入 2 幅图和 1 个表格，注意满足细节要求。

步骤 8：英文摘要“KEY WORDS”处的排版：先将“视图”→“显示”→“标尺”调出来，用鼠标左键按住标尺下方的“悬挂缩进滑块”不放向后拖动，完成后如图 2-49（a）所示；或在单击“段落”下拉箭头，在弹出的“段落”对话框中设置“特殊格式”为“悬挂缩进”，“磅值”为“6.6 字符”。如图 2-49（b）所示。

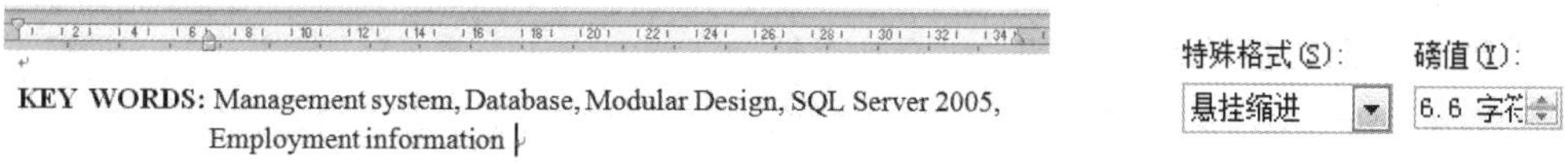

KEY WORDS: Management system, Database, Modular Design, SQL Server 2005,
Employment information

特殊格式(S)：　悬挂缩进　　磅值(Y)：　6.6 字符

（a）利用标尺上的滑块排版　　（b）利用悬挂缩进排版

图 2-49　英文摘要“KEY WORDS”处的排版

步骤 9：引用自动目录。将插入点定位在“中、英文摘要”后面预留放置目录的位置处，“引用”→“自动目录 1”。注意：此时插入的目录是为了先占位，因为页码的显示还不符合实验要求。在完成全文的页码设置后要“更新目录（或‘更新域’）”，“只更新页码”（适用于页码有变动时）或“更新整个目录”（适用于标题和页码均有变动时）。

步骤 10：设置页眉。勾选“首页不同、奇偶页不同”。将“中英文摘要”“目录”及后续的章节、致谢、参考文献等的奇数页页眉设置成该章的标题，偶数页页眉设置成“西安交通大学城市学院本科生毕业设计（论文）”字样。技巧：在本例中，有多少章就需要设置多少次奇数页页眉。每一章的奇数页页眉都要先断开与上一章节页眉的链接，即“页眉和页脚工具”→“设计”→“链接到前一条页眉”，橙色表示链接到前一条页眉，普通灰度表示断开与前一条页眉的链接。在本例中，偶数页页眉仅需设置一次：从“中文摘要”的背面空白页开始设置，先断开与上一章节页眉的链接，以确保封面的背面不会产生页眉；然后输入“西安交通大学城市学院本科生毕业设计（论文）”即可，从“中文摘要”之后的每个章节都无须再设置偶数页页眉。

步骤 11：设置页脚处的页码。将“中\英文摘要”及“目录”的页码设置成“I、II、III……”大写罗马文样式，奇数页居右下，偶数页居左下。技巧：在“中文摘要”的首个奇数页页脚处参照步骤 10 的方法断开与上一条页脚的链接，页码编号设置为“起始页码”→“I”，居“右下”；然后在“中文摘要”的首个偶数页页脚处参照步骤 11 的方法断开与上一条页脚的链接，页码编号设置为“起始页码”→“II”，居“左下”。“英文摘要”和“目录”两章不动，采用默认设置即可实现延续页脚和页码的设置。

将论文正文“1 绪论”章节开始至文章结束的页脚/页码设置成“1、2、3…..”阿拉伯数字样式，奇数页居右下，偶数页居左下。技巧：在“绪论”的首个奇数页页脚处参照步骤 11 的方法断开与上一条页脚的链接，页码编号设置为“起始页码”→“1”，居“右下”；然后在“绪论”的首个偶数页页脚处参照步骤 10 的方法断开与上一条页脚的链接，页码编号设置为“起始页码”→“2”，居“左下”。后续各章节均不动，采用默认设置即可实现延续页脚和页码的设置。

步骤 12：参考文献的引用。将论文“2.1 小节至 2.2 小节”中的“[1]、…、[5]”运用“引用”→“插入尾注”的方式设置成参考文献引用格式，插入后，页面显示如图 2-50 所示。

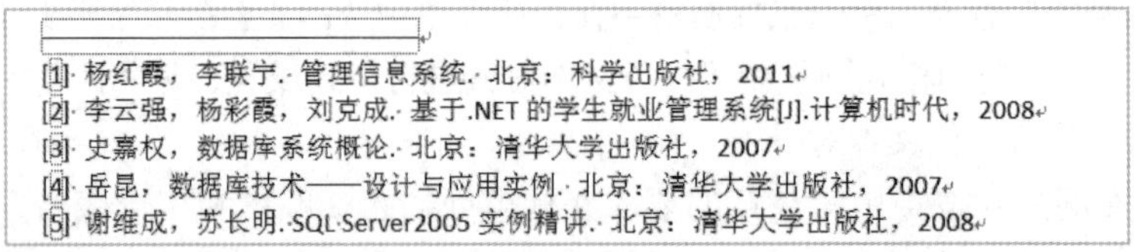

[1] 杨红霞，李联宁. 管理信息系统. 北京：科学出版社，2011
[2] 李云强，杨彩霞，刘克成. 基于.NET 的学生就业管理系统[J].计算机时代，2008
[3] 史嘉权，数据库系统概论. 北京：清华大学出版社，2007
[4] 岳昆，数据库技术——设计与应用实例. 北京：清华大学出版社，2007
[5] 谢维成，苏长明. SQL Server2005 实例精讲. 北京：清华大学出版社，2008

图 2-50　使用“插入尾注”引用参考文献的结果示例

此时，还应去掉“尾注分隔符”。切换到“视图”→“草稿”，然后单击“引用”→“显示备注”，调出的“尾注”窗口，在下拉菜单中选“尾注分隔符”，如图 2-51 所示，再将光标移至该线段处，将其删掉即可。

图 2-51　删除“尾注分隔符”

步骤 13：在“目录”处更新页码，检查是否每个章节的页码都是奇数，如不符在对应章节的页脚做相应调整后再回到目录更新页码。最后，设置目录除标题外的中文为宋体小四、西文为 Times New Roman。

步骤 14：将该文档另存为“学号 姓名 班级 论文.docx”并保存在桌面上，以备提交。

第 3 章 Excel 电子表格

本章概要

Excel 是目前流行的一款电子表格软件，是微软办公套装软件的一个重要的组成部分。它可以进行各种数据的处理、统计分析和辅助决策操作。Excel 中有大量的公式函数，可以实现许多功能，广泛地应用于管理、统计、财经、金融等众多领域。Excel 界面友好，用户使用方便，可以很好地提高工作效率。

本章根据具体案例强化表格处理技术，综合应用的各项操作，加深学生对知识点的理解及运用。通过 4 类实验和综合练习（包含 10 个任务），学生应掌握如下内容。

（1）电子表格的基础性操作。掌握工作簿及工作表的创建、修改、删除、保存等；工作表标签页的新建、编辑、重命名；单元格的合并与拆分，单元格数据格式的设置与编辑，单元格的边框等。

（2）公式与常用函数的应用。掌握工作表中单元格的引用方式、常用函数的插入、数据区域的选择、参数的设定、条件的判断以及函数的嵌套使用等。

（3）电子表格数据统计及分析。掌握数据的排序、分类汇总和数据筛选。

（4）电子表格数据转化及统计。掌握将表格中的数据转换为可视化的图表、图表的建立和修改，用于直观地对相关数据进行比较分析；将表格中的数据转化为数据透视表，用于快速整理数据。

实验 1　电子表格的基本操作

实验目的： 通过本次实验操作，主要掌握工作簿及工作表的建立、编辑等；工作表标签页的新建、编辑、重命名；单元格的合并、数字格式设置、单元格的边框等。

任务　职工工资表的建立

任务描述

新建一个工作簿文件，具体要求如下：进入后建立 5 个工作表标签，将标签从左往右依次改名为“2011 年”“2012 年”“2013 年”“2014 年”“2015 年”，且标签颜色依次改为红、蓝、绿、黄、黑；在“2015 年”标签页上建立工作表，将 A1:L2 单元格合并，L3:L9 单元格合并，并为 A3:L9 单元格加上黑色单实线边框；表格中内容如图 3-1 所示，在表格最左侧的序号处用填充的方式填入相应编号；最后用自己的“班级姓名学号”为文件名，且将文件类型保存为“.xls”格式。

XX部门职工工资表

序号	姓名	基本工资	工龄工资	奖金	应得工资	养老保险	医疗保险	失业保险	住房公积金	实发工资	备注
01	王一	1,500.00	400.00	300.00		150.00	100.00	50.00	100.00		备注
02	李娜	1,200.00	200.00	400.00		120.00	100.00	50.00	100.00		
03	杨雄	1,800.00	600.00	150.00		200.00	100.00	50.00	100.00		
04	李四	1,000.00	100.00	200.00		100.00	100.00	50.00	100.00		
05	谢正	1,400.00	300.00	155.00		140.00	100.00	50.00	100.00		
06	陈丹	1,500.00	350.00	260.00		150.00	100.00	50.00	100.00		

2011 2012 2013 2014 2015

图 3-1　职工工资表样例

操作步骤

步骤 1：单击 Windows 的“开始”菜单，选择“所有程序”，找到“Microsoft Office”，单击其中的“Microsoft Excel 2010”，如图 3-2 所示。

图 3-2　打开 Excel 工作簿

步骤 2：在打开的 Excel 中单击“插入工作表”按钮以建立新的工作表，如图 3-3 所示。

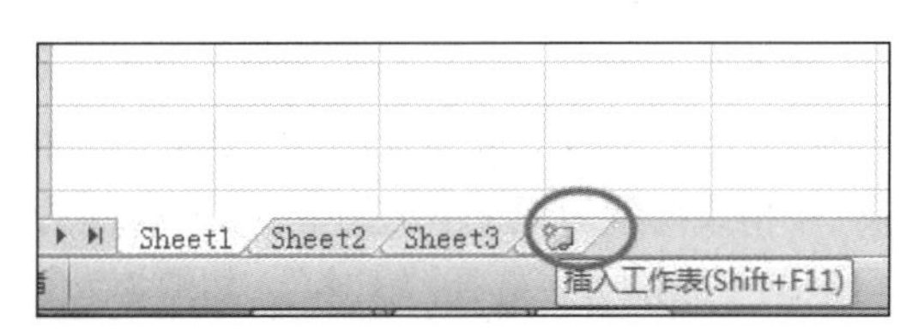

图 3-3　新建工作表

步骤 3：建立 5 个工作表后，鼠标右键单击工作表标签，在弹出的菜单中选择“重命名”选项按照要求依次对 5 个工作表进行重命名，如图 3-4 所示。

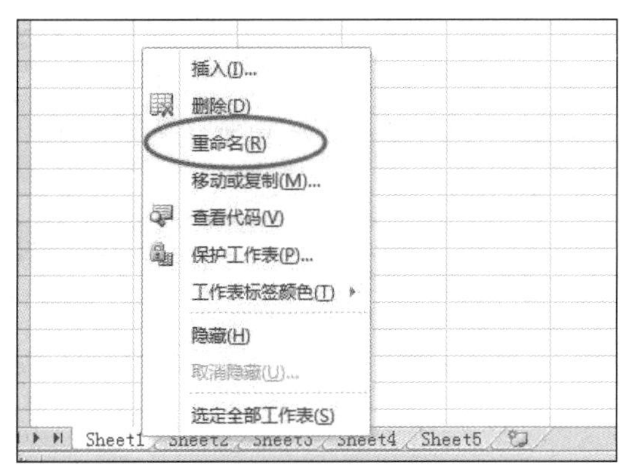

图 3-4　工作表重命名

步骤 4：鼠标右键单击工作表标签，在弹出的菜单中选择“工作表标签颜色”选项按照要求依次对 5 个工作表进行颜色更改，如图 3-5 所示。

图 3-5　更改工作表标签颜色

步骤 5：在“2015 年”标签页上建立如示例所显示的表格，鼠标左键拖动选中 A1:L2 单元格，单击上方“开始”选项卡→“对齐方式”→“合并后居中”，如图 3-6 所示。

图 3-6　合并单元格

L3:L9 单元格的合并操作相同。

步骤 6: 因为数值前加 0 无意义，所以 Excel 会自动去掉数值前的 0。为了能够输入“01”“02”等以 0 开头的序号，需将单元格格式设置为“文本”类型。具体操作为选中 A4:A9 单元格，单击“开始”选项卡中“数字”区域的下拉箭头，选择“文本”，如图 3-7 所示。

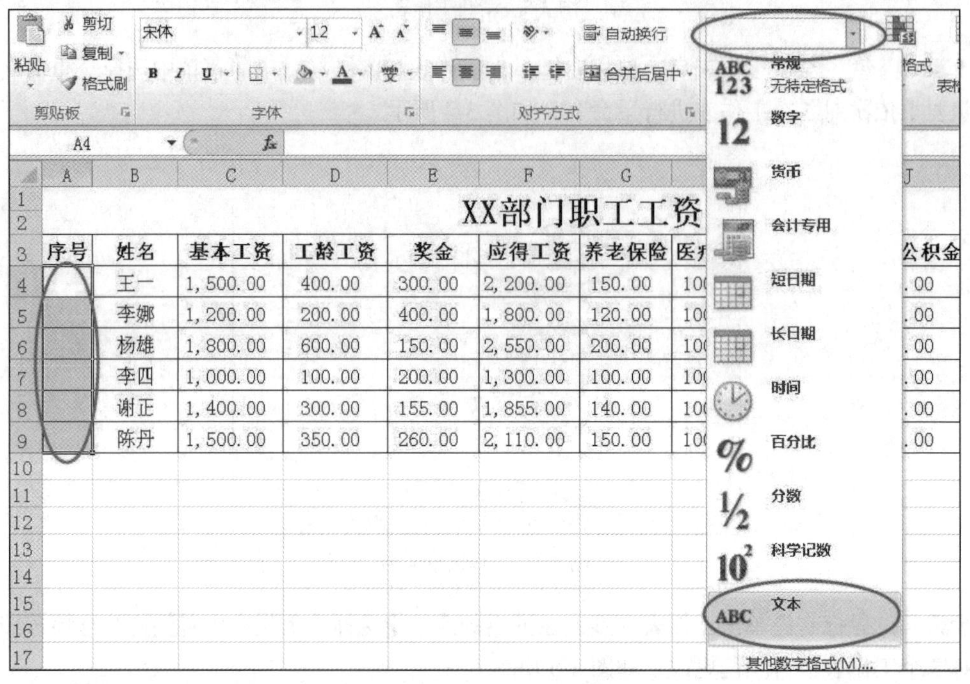

图 3-7　单元格设置文本类型

步骤 7: 鼠标左键拖动选中 A3:L9 单元格，单击“开始”→“字体”→“边框”→“所有框线”，如图 3-8 所示。

图 3-8　添加表格框线

步骤 8: 全部设置完成后单击“Office 按钮”中的“另存为”→“Excel 工作簿”→在文件名处输入自己的“班级姓名学号”然后单击“保存”按钮（注：注意文件所保存的位置），如图 3-9 所示。

图 3-9　Excel 文件另存为

实验 2　电子表格中的数据运算

实验目的：通过本次实验操作，主要掌握公式及简单函数的应用；公式及函数的单元格填充；函数的嵌套使用。

任务一　职工工资表的计算

任务描述

在实验 1 所做 Excel 表格的基础上，完成下列要求：将除“序号”列外的内容为数字的单元格全部设置成“数值”类型，小数位保留 2 位小数；使用函数计算“应得工资”，使用公式计算“实发工资”。在应得工资前插入 1 列，F3 输入“评级”，当职工奖金大于等于 400 时为优秀，大于等于 300 为良好，大于等于 200 为合格，小于 200 为不合格，用函数计算各职工等级。参考样例如图 3-10 所示。

XX部门职工工资表

序号	姓名	基本工资	工龄工资	奖金	评级	应得工资	养老保险	医疗保险	失业保险	住房公积金	实发工资	
01	王一	1,500.00	400.00	300.00	良好	2,200.00	150.00	100.00	50.00	100.00	1,800.00	
02	李娜	1,200.00	200.00	400.00	优秀	1,800.00	120.00	100.00	50.00	100.00		
03	杨雄	1,800.00	600.00	150.00	不合格	2,550.00	200.00	100.00	50.00	100.00		备注
04	李四	1,000.00	100.00	200.00	合格	1,300.00	100.00	100.00	50.00	100.00		
05	谢正	1,400.00	300.00	155.00	不合格	1,855.00	140.00	100.00	50.00	100.00		
06	陈丹	1,500.00	350.00	260.00	合格	2,110.00	150.00	100.00	50.00	100.00		

图 3-10　参考样例

操作步骤

步骤 1：打开实验 2 任务一的素材文件，左键选中 C4:K9 单元格，鼠标右键单击选择“设置单元格格式”→“数字”→“数值”，设置成保留 2 位小数的数值类型，如图 3-11 所示。

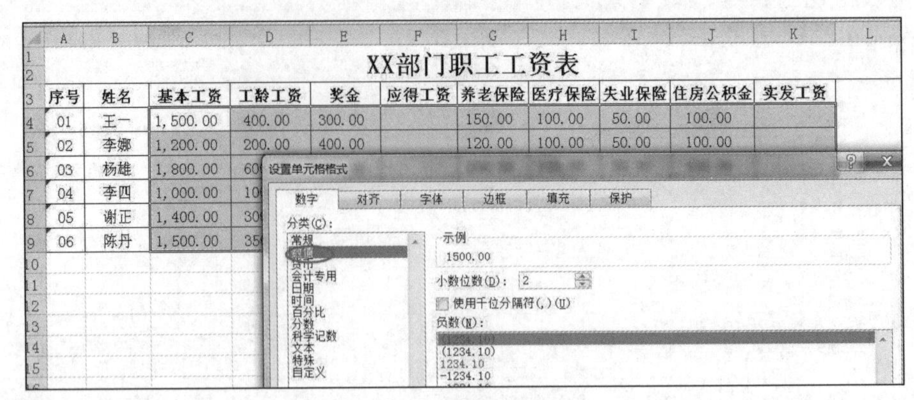

图 3-11　更改单元格格式

步骤 2：左键选中 F4 单元格，单击左上方的“插入函数”（*fx*）按钮，如图 3-12 所示，选择 SUM 函数。

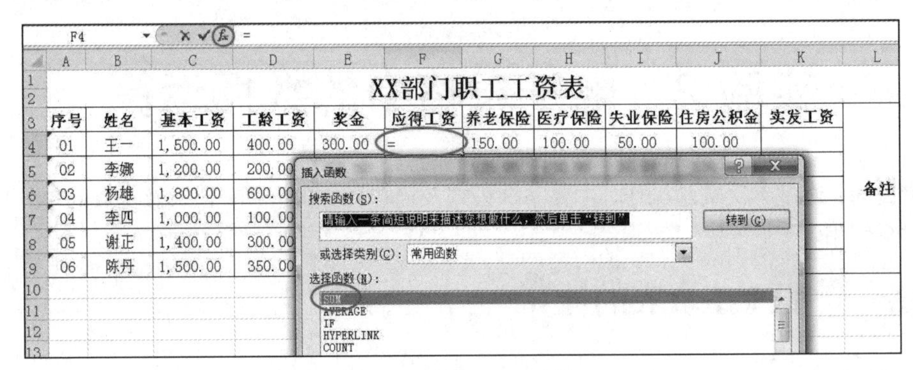

图 3-12　插入 SUM 函数

单击“确定”按钮打开函数编辑器，如图 3-13 所示，因为求和的 C4:E4 单元格为连续单元格，所以在 SUM 函数编辑器中参数设置可以只在“Number1”处选择 C4:E4。

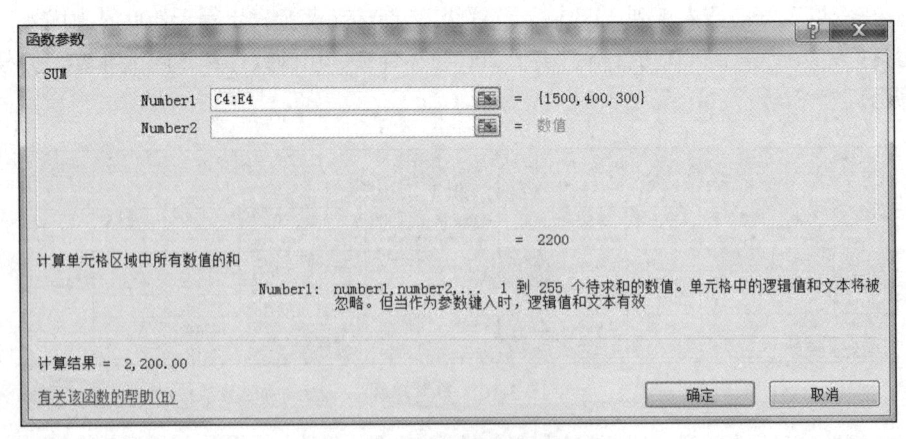

图 3-13　SUM 函数参数设置

步骤 3：完成 F4 单元格函数操作后，可左键下拉 F4 单元格的填充柄下拉进行自动填充，如

图 3-14 所示。

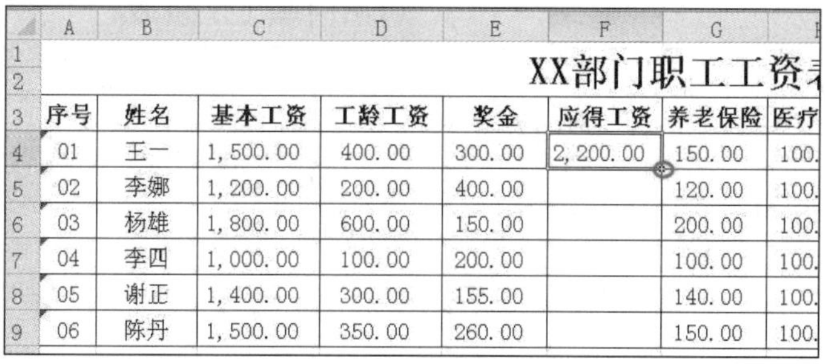

序号	姓名	基本工资	工龄工资	奖金	应得工资	养老保险	医疗
01	王一	1,500.00	400.00	300.00	2,200.00	150.00	100.
02	李娜	1,200.00	200.00	400.00		120.00	100.
03	杨雄	1,800.00	600.00	150.00		200.00	100.
04	李四	1,000.00	100.00	200.00		100.00	100.
05	谢正	1,400.00	300.00	155.00		140.00	100.
06	陈丹	1,500.00	350.00	260.00		150.00	100.

图 3-14 单元格函数填充

步骤 4：鼠标左键选中 K4 单元格，在上方“编辑栏”输入“=C4+D4+E4-G4-H4-I4-J4”后确定，完成公式计算实发工资，也可用“=F4-G4-H4-I4-J4”，如图 3-15 所示。其后单元格的向下填充同步骤 3。

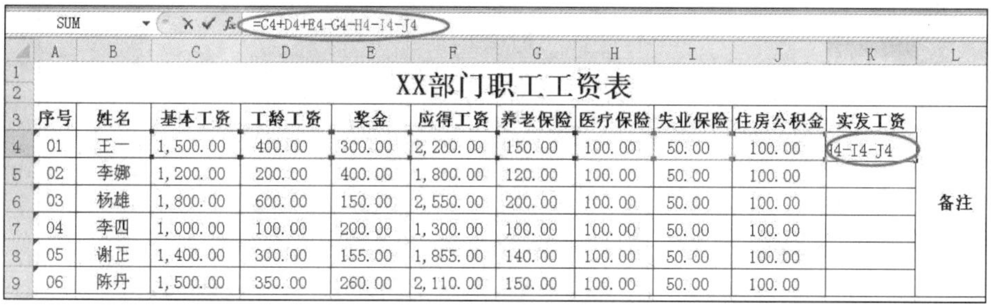

SUM =C4+D4+E4-G4-H4-I4-J4

XX部门职工工资表

序号	姓名	基本工资	工龄工资	奖金	应得工资	养老保险	医疗保险	失业保险	住房公积金	实发工资	
01	王一	1,500.00	400.00	300.00	2,200.00	150.00	100.00	50.00	100.00	4-I4-J4	
02	李娜	1,200.00	200.00	400.00	1,800.00	120.00	100.00	50.00	100.00		
03	杨雄	1,800.00	600.00	150.00	2,550.00	200.00	100.00	50.00	100.00		备注
04	李四	1,000.00	100.00	200.00	1,300.00	100.00	100.00	50.00	100.00		
05	谢正	1,400.00	300.00	155.00	1,855.00	140.00	100.00	50.00	100.00		
06	陈丹	1,500.00	350.00	260.00	2,110.00	150.00	100.00	50.00	100.00		

图 3-15 单元格公式应用

步骤 5：鼠标右键单击 F 列，在弹出的菜单中选择“插入”，在 F 列和 E 列间插入新的一列，如图 3-16 所示。

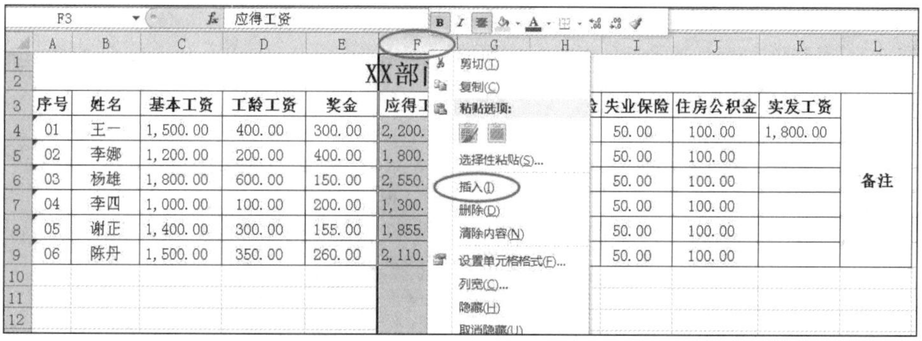

F3 应得工资

序号	姓名	基本工资	工龄工资	奖金	应得工			失业保险	住房公积金	实发工资	
01	王一	1,500.00	400.00	300.00	2,200.			50.00	100.00	1,800.00	
02	李娜	1,200.00	200.00	400.00	1,800.			50.00	100.00		
03	杨雄	1,800.00	600.00	150.00	2,550.			50.00	100.00		备注
04	李四	1,000.00	100.00	200.00	1,300.			50.00	100.00		
05	谢正	1,400.00	300.00	155.00	1,855.			50.00	100.00		
06	陈丹	1,500.00	350.00	260.00	2,110.			50.00	100.00		

剪切(T)
复制(C)
粘贴选项:
选择性粘贴(S)...
插入(I)
删除(D)
清除内容(N)
设置单元格格式(F)...
列宽(C)...
隐藏(H)
取消隐藏(U)

图 3-16 插入新列

步骤 6：在新插入的 F3 单元格输入“评级”，然后单击王一对应的评级单元格 F4，插入 IF 函数，如图 3-17 所示。

步骤 7：根据题目要求为三次判断四种结果，所以在打开的 IF 函数编辑其中设置其第一层判断的参数，如图 3-18 所示。第一层判断条件为“E4（王一的奖金）>=400”，判断如果成立则显示为“优秀”，否则则进行第二层判断，所以在“Value_if_false”参数处单击确保光标在此，然后单击左上角“名称框”的下拉箭头，选择要插入的函数进行函数内部的函数插入，称为函数的嵌套。

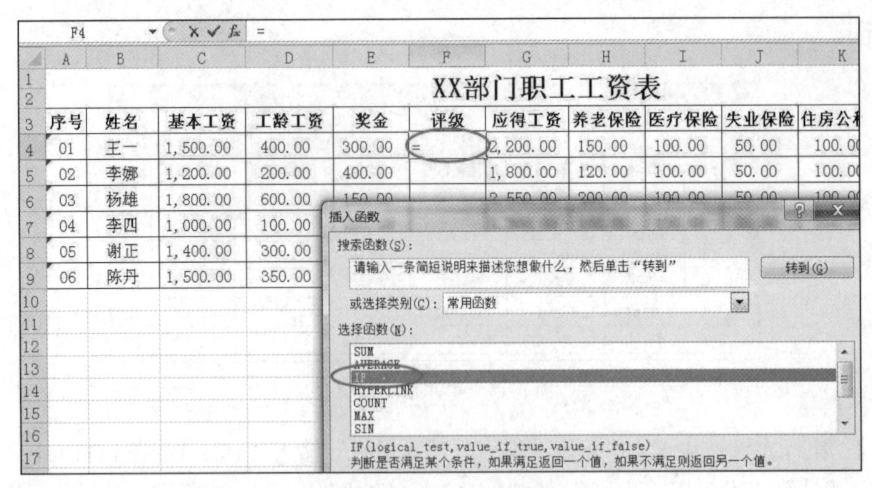

图 3-17　插入 IF 函数

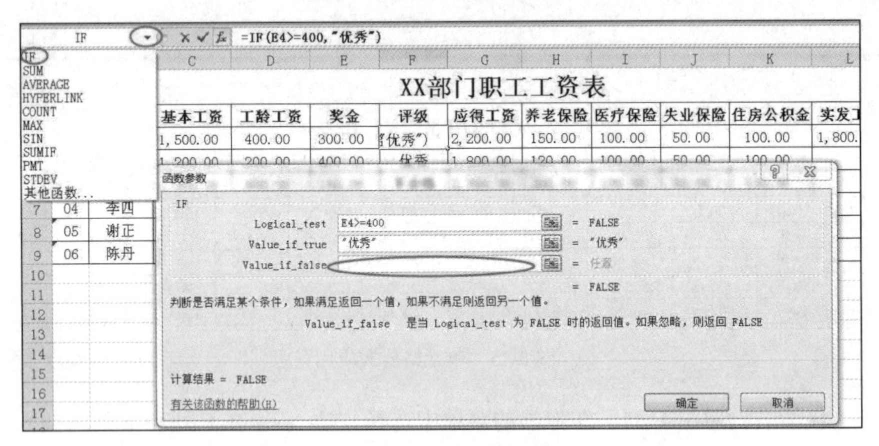

图 3-18　IF 函数第一层

步骤 8：通过步骤 7 的方法在第一层 IF 函数中插入了第二层 IF 函数，在打开的第二层 IF 函数编辑器中具体参数设置如图 3-19 所示，且在第二层 IF 函数的“Value_if_false”参数处插入第三层 IF 函数，方法同步骤 7。

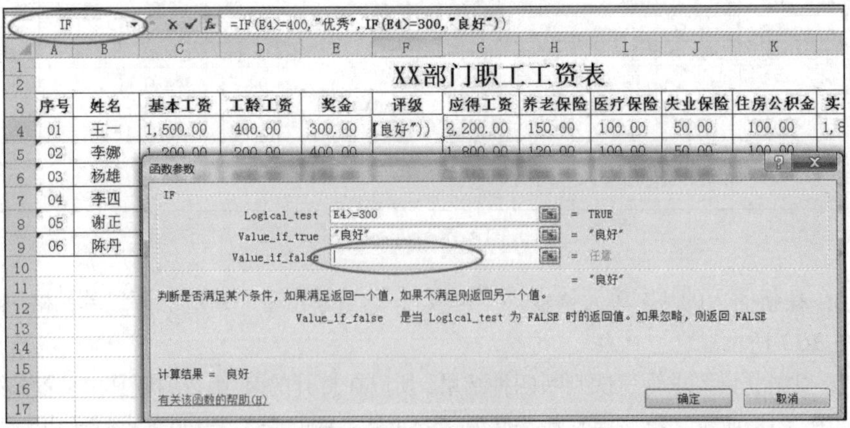

图 3-19　IF 函数第二层

步骤 9：在打开的第三层 IF 函数编辑器中进行具体参数设置，如图 3-20 所示。

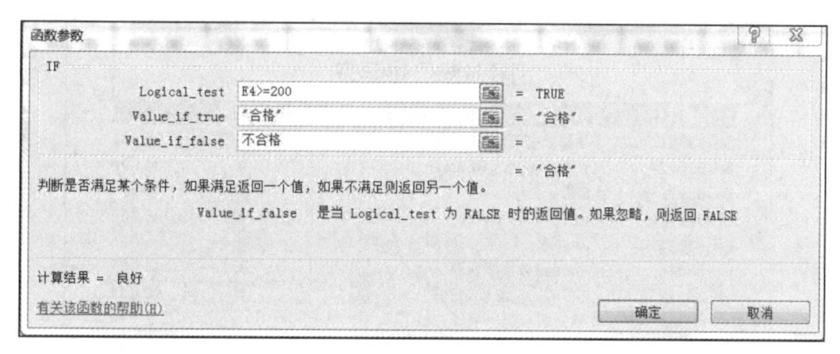

图 3-20　IF 函数第三层

步骤 10：完成 F4 单元格王一的等级评定后向下拉动填充柄进行填充，如图 3-21 所示最终完成本题。

XX部门职工工资表

序号	姓名	基本工资	工龄工资	奖金	评级	应得工资	养老保险	医疗保险	失业保险	住房公积金	实发工资	备注
01	王一	1,500.00	400.00	300.00	良好	2,200.00	150.00	100.00	50.00	100.00	1,800.00	
02	李娜	1,200.00	200.00	400.00	优秀	1,800.00	120.00	100.00	50.00	100.00		
03	杨雄	1,800.00	600.00	150.00	不合格	2,550.00	200.00	100.00	50.00	100.00		
04	李四	1,000.00	100.00	200.00	合格	1,300.00	100.00	100.00	50.00	100.00		
05	谢正	1,400.00	300.00	155.00	不合格	1,855.00	140.00	100.00	50.00	100.00		
06	陈丹	1,500.00	350.00	260.00	合格	2,110.00	150.00	100.00	50.00	100.00		

图 3-21　IF 函数填充

任务二　VLOOKUP 函数引用

任务描述

小李今年毕业后，在一家计算机图书销售公司担任市场部助理，主要的工作职责是为部门经理提供销售信息的分析和汇总。请你根据销售数据报表，按照如下要求完成统计和分析工作：根据图书编号，请在“订单明细”工作表的“图书名称”列中，使用 VLOOKUP 函数完成图书名称的自动填充。“图书名称”和“图书编号”的对应关系在“编号对照”工作表中；根据图书编号，请在“订单明细”工作表的“单价”列中，使用 VLOOKUP 函数完成图书单价的自动填充。“单价”和“图书编号”的对应关系在“编号对照”工作表中；在“订单明细”工作表的“小计”列中，计算每笔订单的销售额；根据“订单明细”工作表中的销售数据，统计所有订单的总销售金额，并将其填写在“统计报告”工作表的 B3 单元格中。案例素材如图 3-22 所示。

销售订单明细表

订单编号	日期	书店名称	图书编号	图书名称	单价	销量（本）	小计
BTW-08001	2011年1月2日	鼎盛书店	BK-83021			12	
BTW-08002	2011年1月4日	博达书店	BK-83033			5	
BTW-08003	2011年1月4日	博达书店	BK-83034			41	
BTW-08004	2011年1月5日	博达书店	BK-83027			21	
BTW-08005	2011年1月6日	鼎盛书店	BK-83028			32	
BTW-08006	2011年1月9日	鼎盛书店	BK-83029			3	
BTW-08007	2011年1月9日	博达书店	BK-83030			1	
BTW-08008	2011年1月10日	鼎盛书店	BK-83031			3	
BTW-08009	2011年1月10日	博达书店	BK-83035			43	
BTW-08010	2011年1月11日	隆华书店	BK-83022			22	
BTW-08011	2011年1月11日	鼎盛书店	BK-83023			31	
BTW-08012	2011年1月12日	隆华书店	BK-83032			19	
BTW-08013	2011年1月12日	鼎盛书店	BK-83036			43	

订单明细　编号对照　统计报告

（a）

图 3-22　案例素材

图书编号对照表		
图书编号	图书名称	定价
BK-83021	《计算机基础及MS Office应用》	¥ 36.00
BK-83022	《计算机基础及Photoshop应用》	¥ 34.00
BK-83023	《C语言程序设计》	¥ 42.00
BK-83024	《VB语言程序设计》	¥ 38.00
BK-83025	《Java语言程序设计》	¥ 39.00
BK-83026	《Access数据库程序设计》	¥ 41.00
BK-83027	《MySQL数据库程序设计》	¥ 40.00

(b)

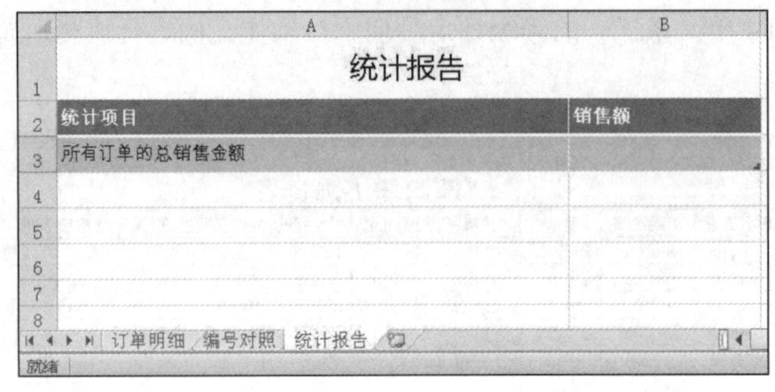

统计报告	
统计项目	销售额
所有订单的总销售金额	

(c)

图 3-22　案例素材（续）

操作步骤

步骤 1：选择 Excel 素材文件下方的“订单明细”标签，在表格中选中第一个订单对应的图书名称“E3”单元格，然后单击上方的 f_x 插入函数按钮，在打开的插入函数编辑框中选择 VLOOKUP 函数（打开的编辑框默认是“常用函数”列表，若没有 VLOOKUP 函数可在上方的“搜索函数”框中自行输入“vlookup”然后单击“转到”按钮；或在中间“选择类型”框中选择“全部”，将显示 Excel 中全部函数列表，在其中寻找并选择 VLOOKUP 函数），如图 3-23 所示。

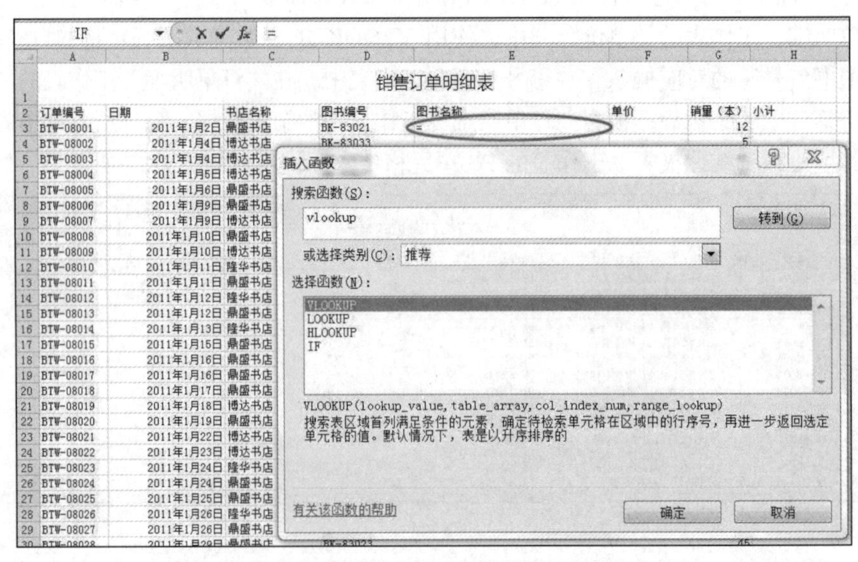

图 3-23　VLOOKUP 函数求图书名称

选择 VLOOKUP 函数后在打开的函数编辑器中进行各参数设置，其中“Lookup_value”参数选择需要查找的图书名称对应的图书编号，此处选择“D3”；“Table_array”参数选择将要查找的目标数据和其对应的需提取的数据共同所在的表格范围，选择“编号对照”标签页中的“图书编号对照表”的全表数据（将光标定位在“Table_array”后的编辑框后，鼠标单击 Excel 文件下方的“编号对照”标签打开“编号对照”标签页。在“编号对照”标签页中的“图书编号对照表”中选择“A2:C19”单元格，此时“Table_array”后的编辑框中的内容变为“表 2[#全部]”。需要特别注意的是，VLOOKUP 函数的功能是在“Table_array”参数搜索的表区域中的首列内容为“Lookup_value”参数查找的内容，如查找的内容不是作为搜索区域的首列内容存在，则此函数无效）；“Col_index_num”参数为需要提取返回数据在查找的表区域中所处的列的相对位置，此相对位置以查找目标为第一列开始计算。此处需要返回的“图书名称”是在“Table_array”中“表 2[#全部]”中位于第 2 列，所以“Col_index_num”参数为 2；“Range_lookup”参数为查找时为精确匹配还是大致匹配，若输入“FALSE”或“0”则为精确匹配，而输入“TRUE”或忽略不填或填“1”则为大致匹配（需事先排序），此处输入“0”进行精确匹配即可，如图 3-24 所示。

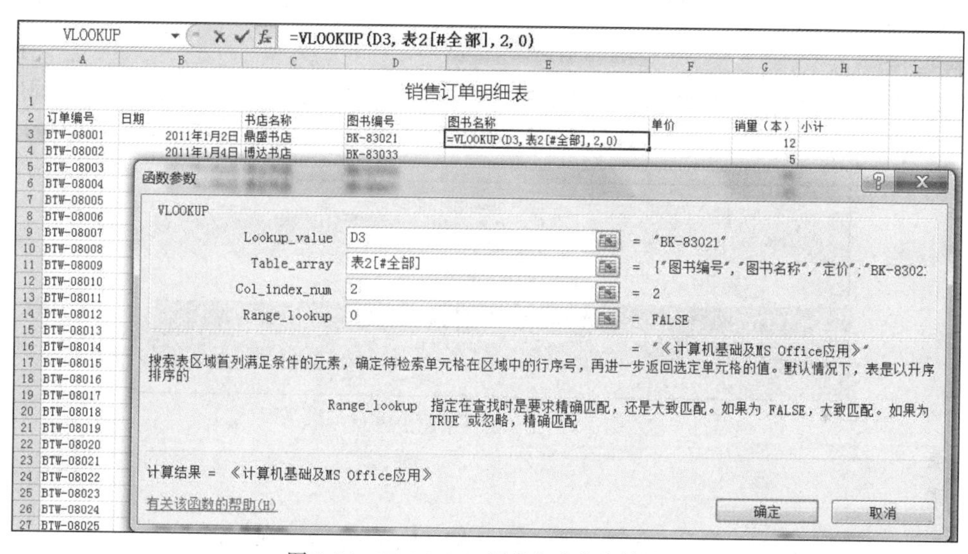

图 3-24　VLOOKUP 图书名称的参数设置

在计算出第一个图书编号对应的图书名称后，通过自动填充功能填充所有的图书编号。

步骤 2：计算图书单价的方法同步骤 1，选中 F3 单元格后插入 VLOOKUP 函数，在函数编辑器中各参数内容如图 3-25 所示。

“Lookup_value”参数：D3

“Table_array”参数：表 2[#全部]

“Col_index_num”参数：3

“Range_lookup”参数：0

步骤 3：每单图书的销售额小计计算方法为：图书单价 X 销售量，所以选择 H3 单元格后编辑其中内容为“=F3*G3”即为销售额，如图 3-26 所示。

步骤 4：在“统计报告”表中计算所有订单的总销售金额，选择“统计报告”标签，单击 B3 单元格，插入 SUM 函数，在打开的函数编辑器中，选择“订单明细”标签页中的小计数据“H3:H636”后确定，如图 3-27 所示。

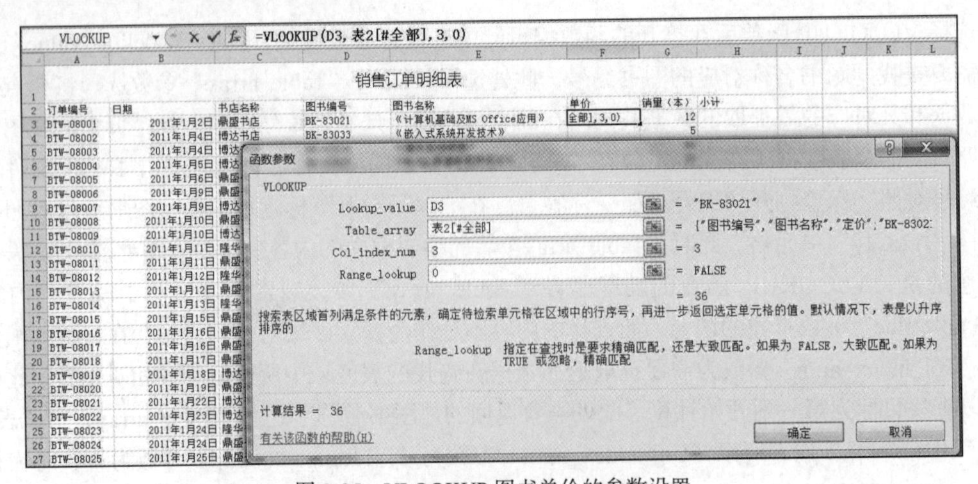

图 3-25　VLOOKUP 图书单价的参数设置

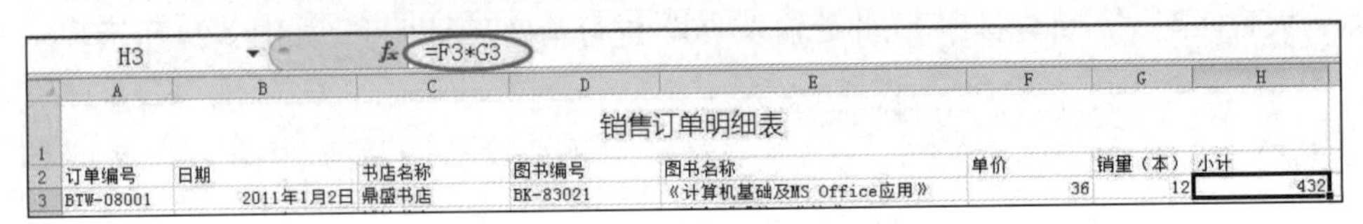

图 3-26　公式计算销售额小计

图 3-27　SUM 订单总销售额

实验 3　电子表格中的图表制作

实验目的：通过本次实验操作，主要掌握 Excel 工作表中各种图表的制作及美化编辑等内容。

任务一　数据转图表基本练习

任务描述

根据职工工资表制作一职工奖金比例图，具体要求为：以职工姓名与奖金数据为依据生成一饼状图，各职工奖金在饼状图中以百分比形式显示所占比例，并对图表进行适当美化，改变图表标题为“职工奖金比例图”并设置标题为“彩色填充—红色，强调颜色 2”；设置图表底色为“渐变填充”→预设颜色为“雨后初晴”；图表三维设置为“棱台”→“顶端”→“棱台”→“艺术装饰”，最终效果如图 3-28 所示。

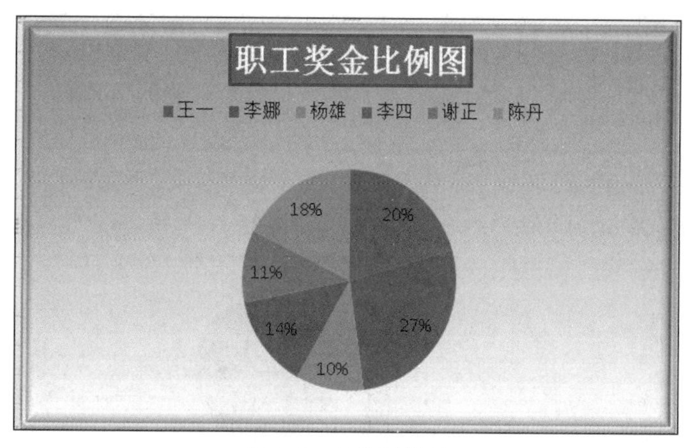

图 3-28　最终示例图

操作步骤

步骤 1：鼠标左键选中职工姓名，在选中职工姓名的基础上，增加选中奖金数据单元格（按住键盘上的 Ctrl 键的同时鼠标选中奖金系列单元格），如图 3-29 所示。

	A	B	C	D	E	F	G	H	I
1	职工工资表								
2	姓名	基本工资	工龄工资	奖金	养老保险	医疗保险	失业保险	住房公积金	实发工资
3	王一	1, 500. 00	400. 00	300. 00	150. 00	100. 00	50. 00	100. 00	1, 800. 00
4	李娜	1, 200. 00	200. 00	400. 00	120. 00	100. 00	50. 00	100. 00	1, 430. 00
5	杨雄	1, 800. 00	600. 00	150. 00	200. 00	100. 00	50. 00	100. 00	2, 100. 00
6	李四	1, 000. 00	100. 00	200. 00	100. 00	100. 00	50. 00	100. 00	950. 00
7	谢正	1, 400. 00	300. 00	155. 00	140. 00	100. 00	50. 00	100. 00	1, 465. 00
8	陈丹	1, 500. 00	350. 00	260. 00	150. 00	100. 00	50. 00	100. 00	1, 710. 00
9	合计	8, 400. 00	1, 950. 00	1, 465. 00	860. 00	600. 00	300. 00	600. 00	9, 455. 00

图 3-29　选中姓名及奖金系列单元格

在数据选中的基础上插入一个饼状图，如图 3-30 所示。

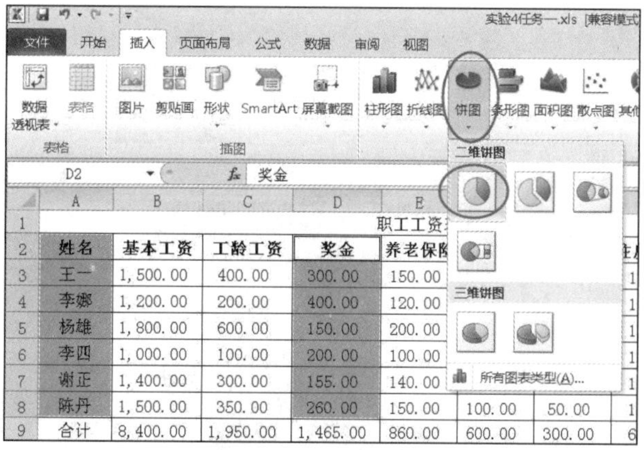

图 3-30　插入饼状图

步骤 2：选择生成的饼状图，单击上方“设计”选项卡，在“图表布局”中选择“布局 2”，此时图表变为百分比饼状图形式，如图 3-31 所示。

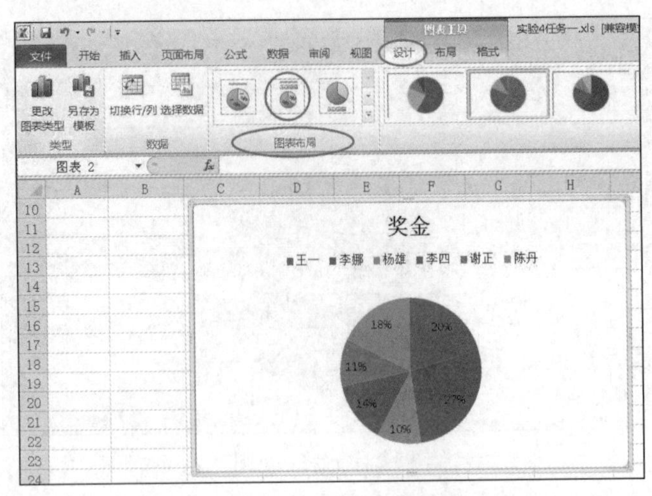

图 3-31　百分比饼状图设置

选中标题，此时标题出现光标可进行编辑，编辑标题文字为“职工奖金比例图”，如图 3-32 所示。选择“格式选项卡”→“形状样式”→“彩色填充”→“红色，强调颜色 2”，如图 3-33 所示。

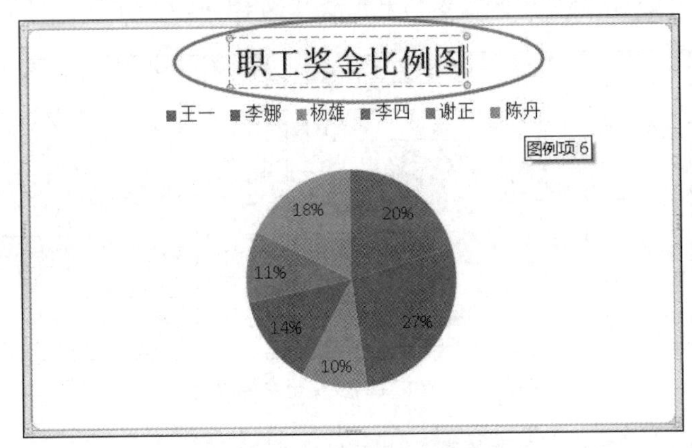

图 3-32　编辑图表标题

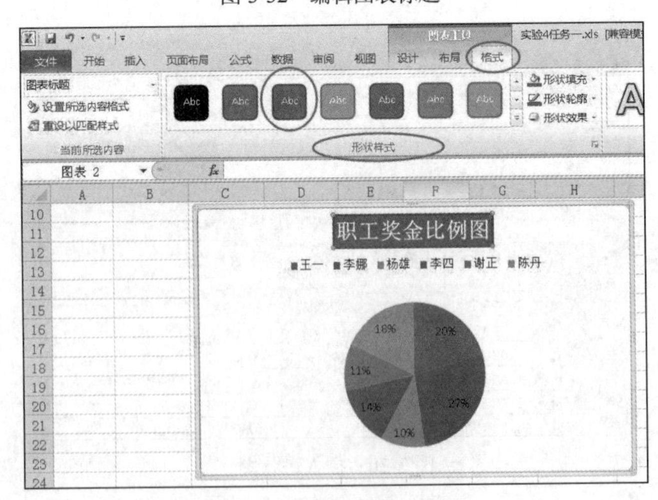

图 3-33　图表标题格式设置

步骤 3：选中图表后单击鼠标右键，在弹出的菜单中选择“设置图表区域格式”，如图 3-34

所示，对图表的背景等样式进行设置。

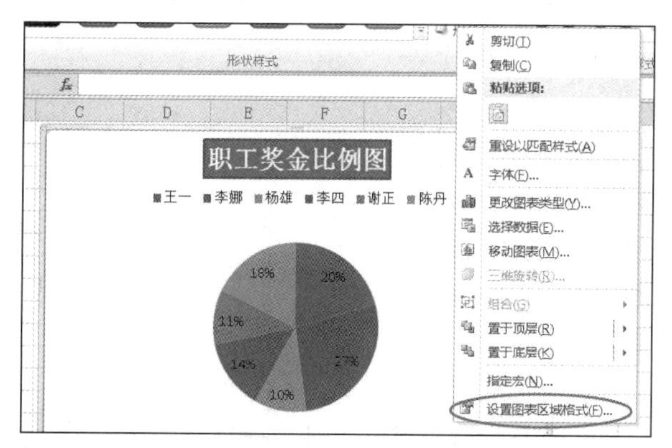

图 3-34　图表格式设置

首先在图标区域格式中选择“填充”来设置图表的背景。在“填充”中选择“渐变填充”，“预设颜色”选择为“雨后初晴”，如图 3-35 所示。

其次选择“三维格式”在“棱台”→“顶端”选择“艺术装饰”效果，如图 3-36 所示。

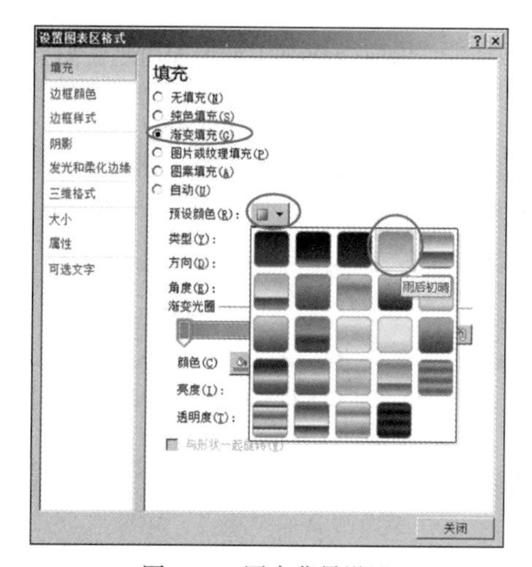

图 3-35　图表背景设置

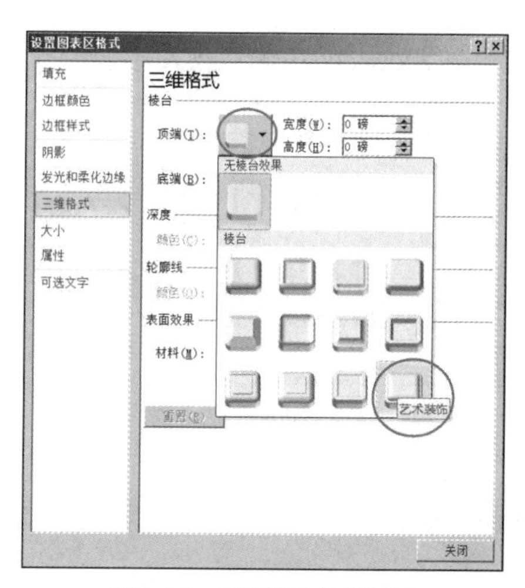

图 3-36　三维棱台效果设置

全部设置完成后单击“关闭”按钮，此时图表设置完成，最终效果如图 3-37 所示。

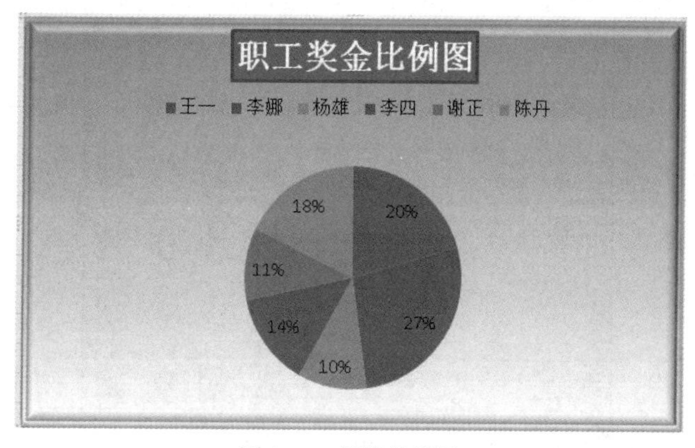

图 3-37　最终效果图

任务二　多数据对比图、三维图及趋势图练习

任务描述

根据 2005—2009 年统计数据表生成以下三种图表。

（1）根据年份将国内生产总值、财政收入、工业增加值、建筑业增加值、全社会固定资产投资、社会消费品零售总额及城乡居民人民币储蓄存款余额等数据放在一张簇状柱形图中生成对比图，最终效果如图 3-38 所示。

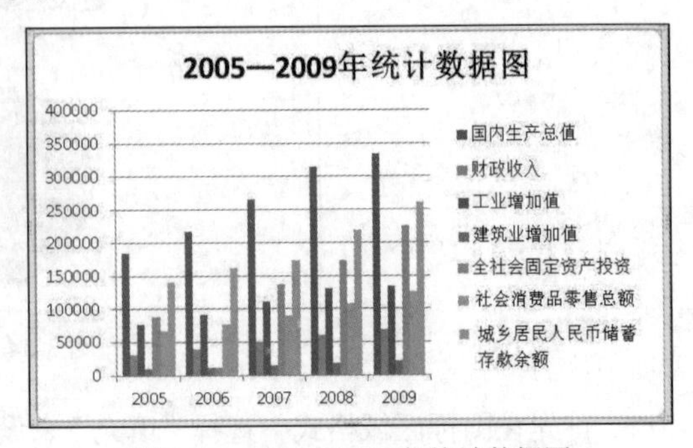

图 3-38　2005—2009 年统计数据图

（2）根据年份，生成历年财政收入对比图，图表类型为三维簇状柱形图，其中数据表示为圆锥形，填充颜色为“渐变填充—熊熊火焰”，最终效果如图 3-39 所示。

（3）根据年份生成历年工业增加值的趋势图，最终效果如图 3-40 所示。

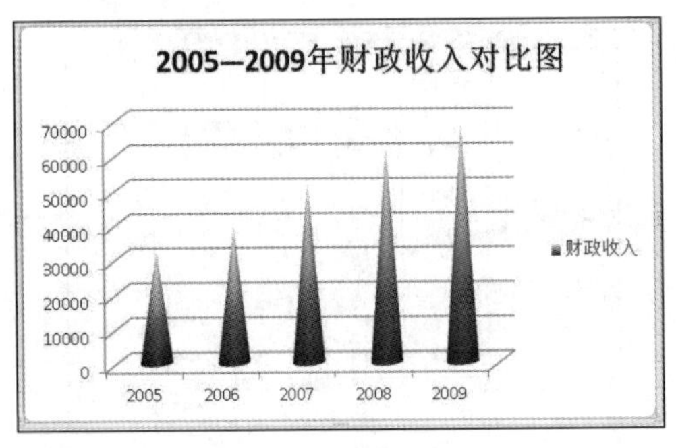

图 3-39　2005—2009 年财政收入对比图

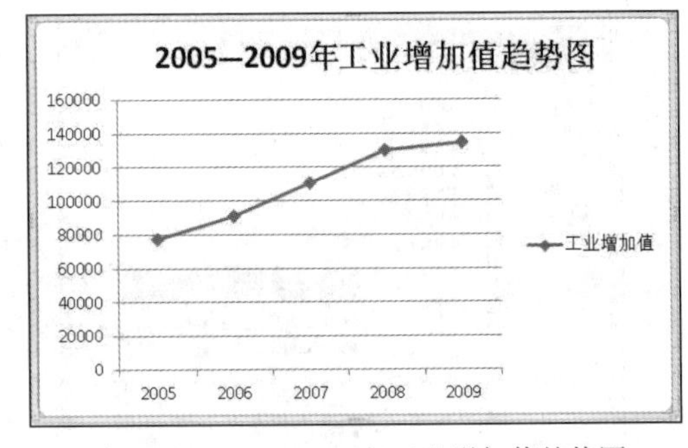

图 3-40　2005—2009 年工业增加值趋势图

操作步骤

步骤 1：单击“插入”选项卡，选择柱状图，生成一张空白簇状柱形图图表，如图 3-41 所示。

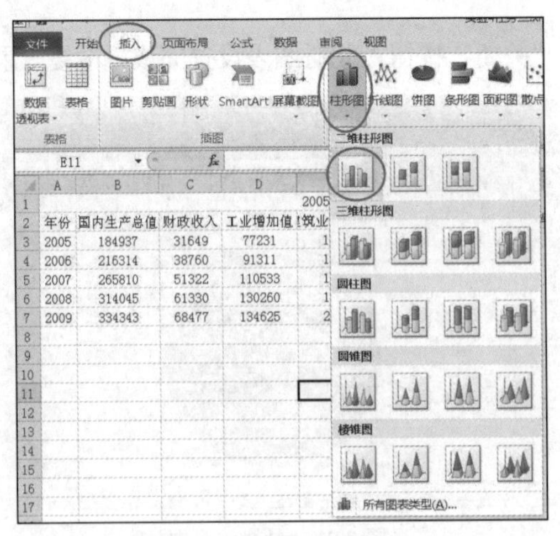

图 3-41　空白图表插入

在空白图表点选上方“设计”选项卡，在“数据”区单击“选择数据”来输入生成图表的数据来源，此处先选中年份数据 A2:A7，再使用 Ctrl 键增加其余数据 B2:H7，如图 3-42 所示。

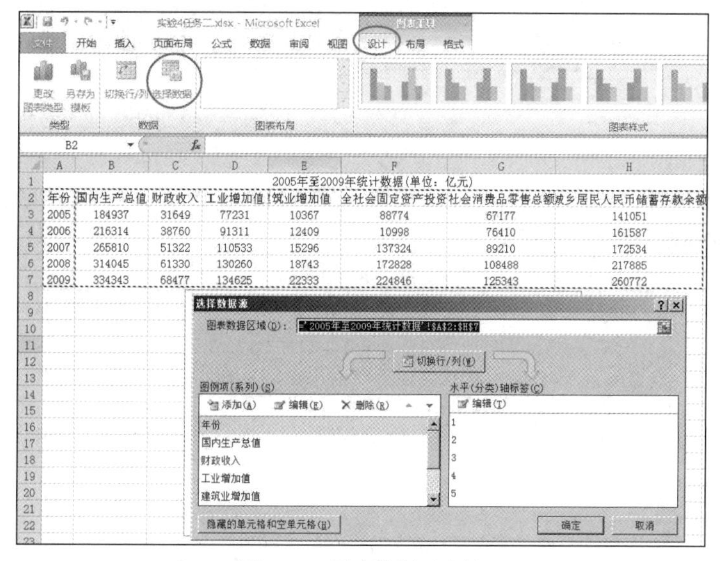

图 3-42 图表数据区选择

此时图 3-42 所示的数据选择后图例项与水平（分类）轴标签还需进行编辑与修改，在图例项中选择“年份”然后单击“删除”按钮，如图 3-43 所示。

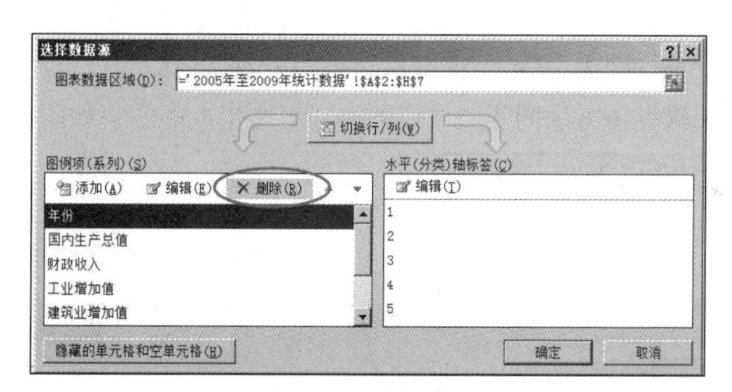

图 3-43 图例区修改

再修改水平（分类）轴标签，单击水平轴标签处的编辑，在弹出的轴标签区域选择窗口选择 A3:A7，然后单击“确定”按钮，如图 3-44 所示。

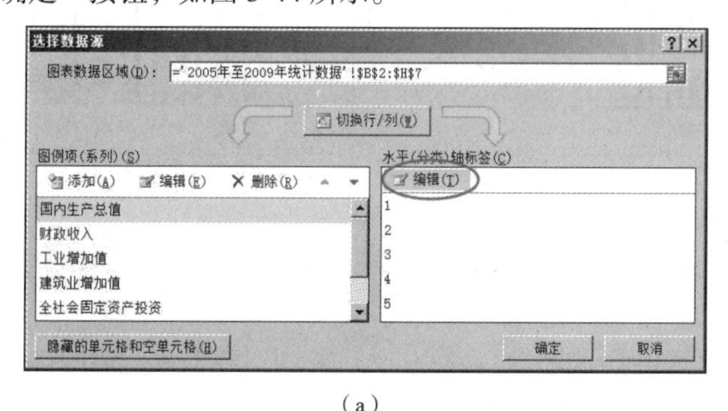

（a）

图 3-44 编辑水平轴标签

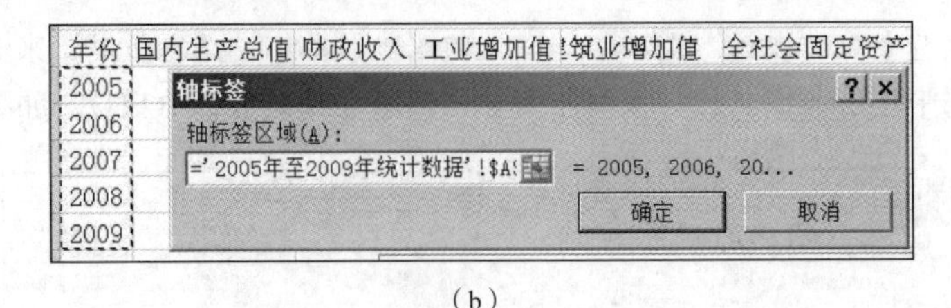

（b）

图 3-44 编辑水平轴标签（续）

到此图表数据选择窗口设置完毕，完成设置后的窗口数据如图 3-45 所示，此时可单击“确定”按钮生成 2005—2009 年统计数据图。

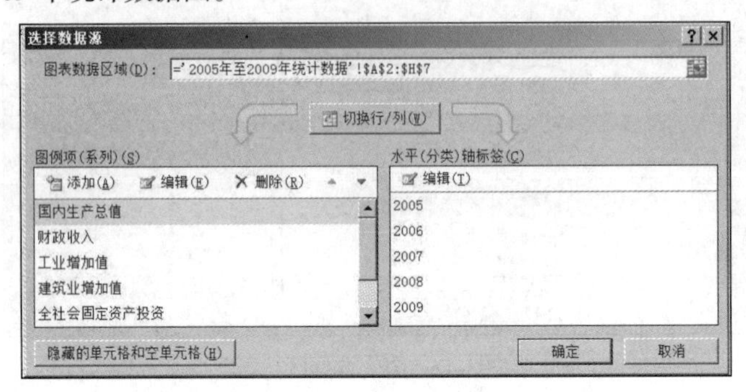

图 3-45 完成图表数据选择

按照题目要求，我们还需在生成的图表中间上方显示图表标题，生成图表标题的方法为选中图表，在上方的选项卡区域选择“布局”选项卡，然后选择“标签”区域中的“图表标题”，在“图表标题”下拉菜单中选择“图表上方”，即可在图表中上方显示标题项，如图 3-46 所示。

图表标题的内容编辑具体方法同实验 3 任务一，最终生成的图表如图 3-47 所示。

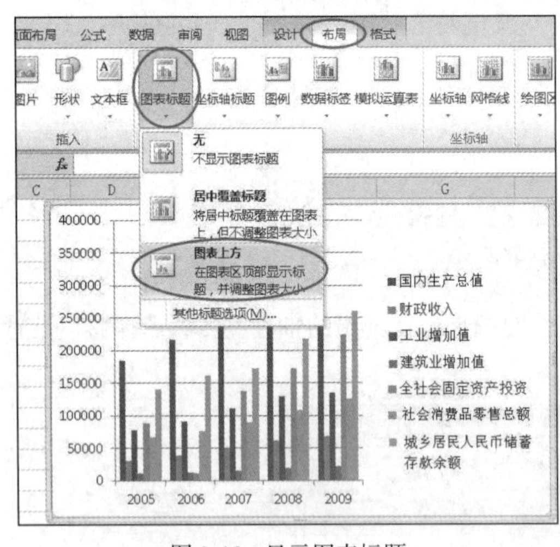

图 3-46 显示图表标题

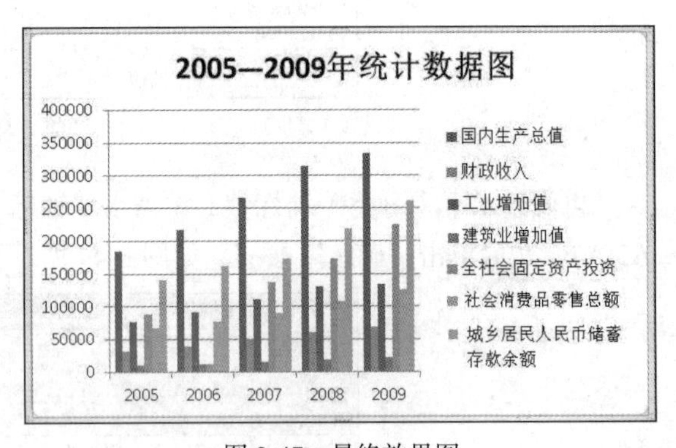

图 3-47 最终效果图

步骤 2：根据题目要求生成 2005—2009 年财务收入对比图，首先在空白处插入一个三维簇状柱形图，如图 3-48 所示。

选中空白图表，依次单击“设计”选项卡→“数据”区域→“选择数据”，在打开的窗口中的“图表数据区域”处选择“年份”数据列和“财政收入”数据列，具体方法参照前例，如图 3-49 所示。

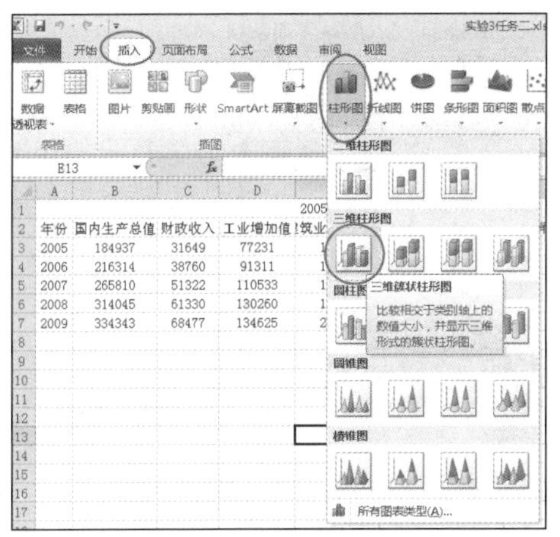
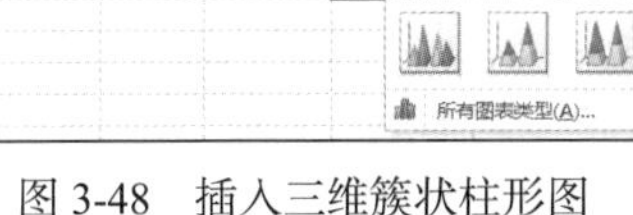

图 3-48　插入三维簇状柱形图

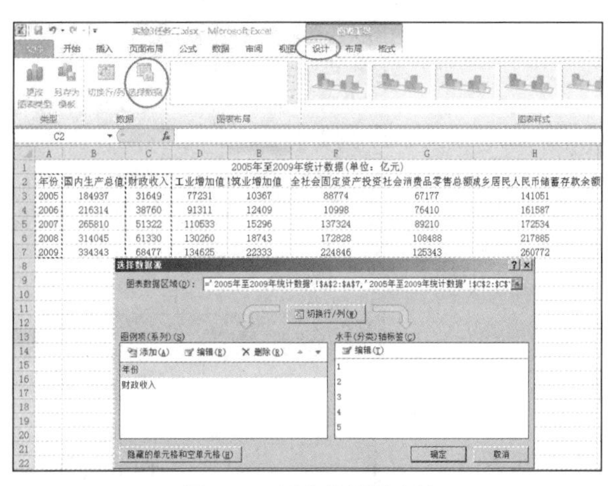

图 3-49　图表数据源选择

此时在对“图例项”内容进行修改，选中“年份”单击“删除”按钮，如图 3-50 所示。

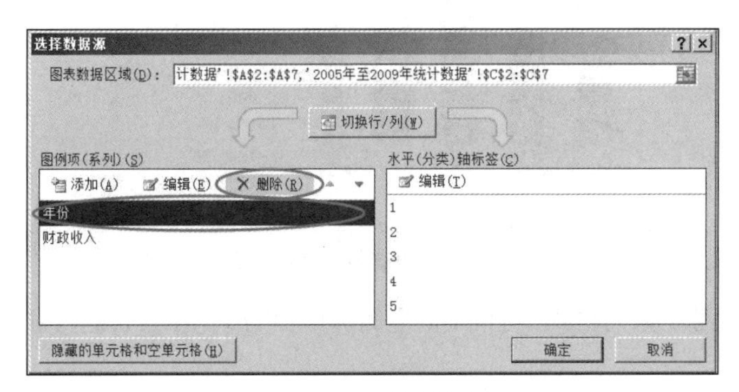

图 3-50　图例项修改

完成后图例项内容仅留“财政收入”。然后再对“水平（分类）轴标签”内容进行编辑，单击“编辑”，在弹出的对话框中“轴标签”区域选择 A3:A7，然后单击“确定”按钮，如图 3-51 所示。

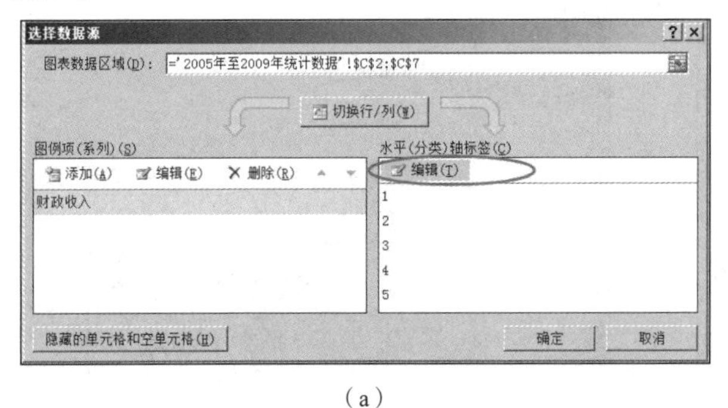

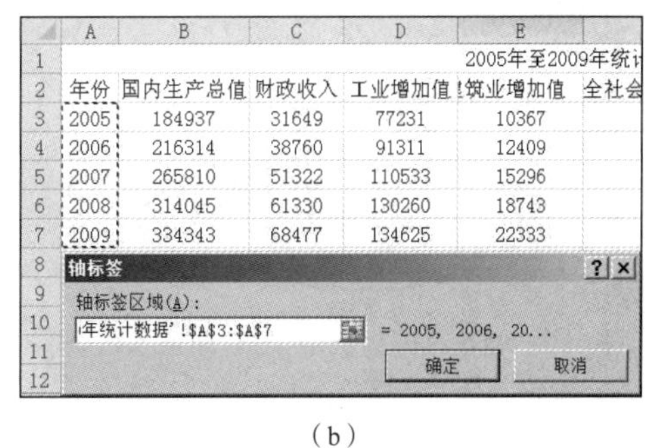

（a）　　　　　　　　　　　　（b）

图 3-51　水平轴标签编辑

最终数据选择完成如图 3-52 所示，此时单击“确定”按钮，生成图表。

根据题目要求，图表中的数据表示应为圆锥形，选中图中的数据表示柱状体，单击鼠标右键，在弹出的菜单中选择“设置数据系列格式”，如图 3-53 所示。

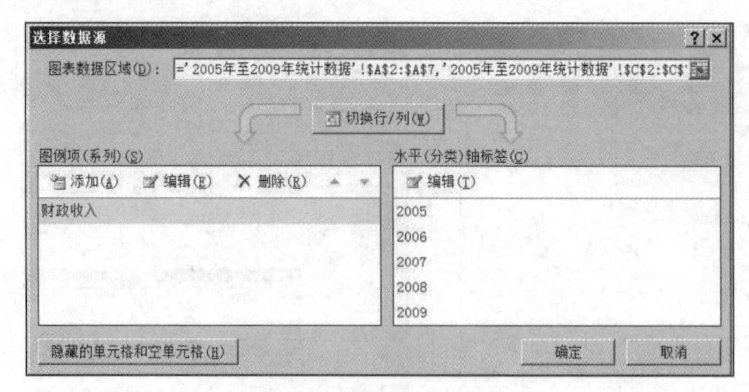

图 3-52　数据源选择完成

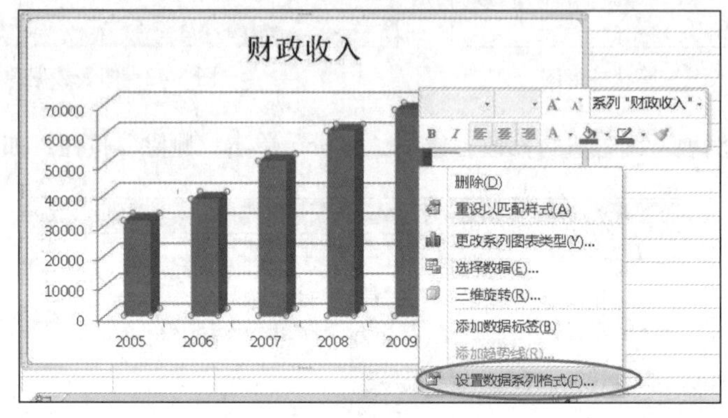

图 3-53　设置数据系列格式

在打开的“设置数据系列格式”窗口中的左侧选择“形状”，在其右侧内容中选择“完整圆锥”，如图 3-54 所示。

根据题目要求还应将数据图例颜色填充为“渐变填充—熊熊火焰”，在“设置数据系列格式”窗口中的左侧选择“填充”，在其右侧内容中选择“渐变填充—预设颜色—熊熊火焰”，如图 3-55 所示。

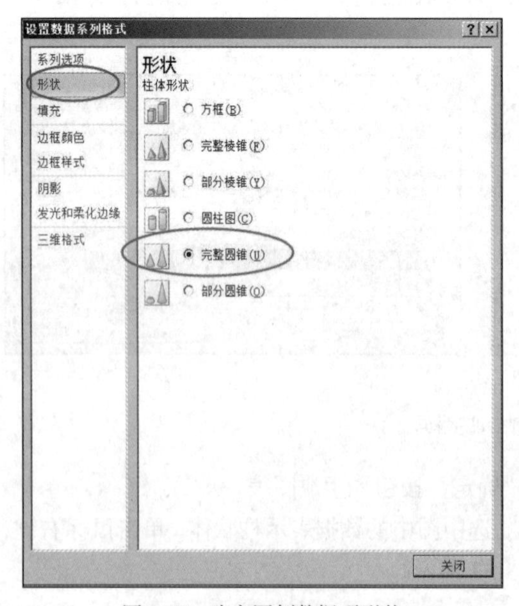

图 3-54　改变图例数据项形状

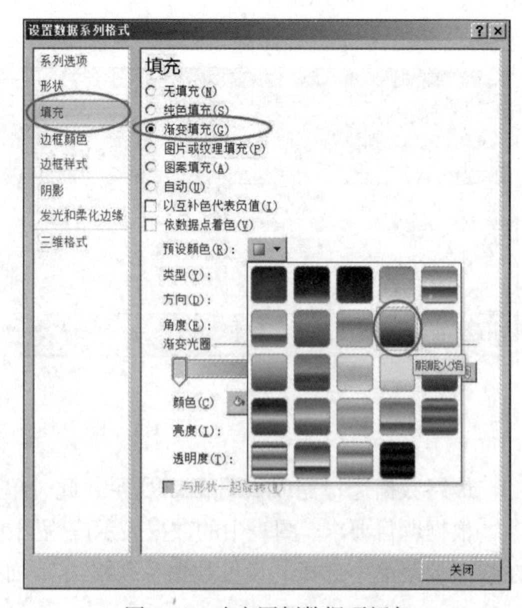

图 3-55　改变图例数据项颜色

单击“确定”按钮后生成数据表示为“圆锥形”颜色为“熊熊火焰渐变填充”的三维簇状柱形图，此时单击上方图表标题进行编辑，如图 3-56 所示。

最终完成的 2005—2009 年财政收入对比图如图 3-57 所示。

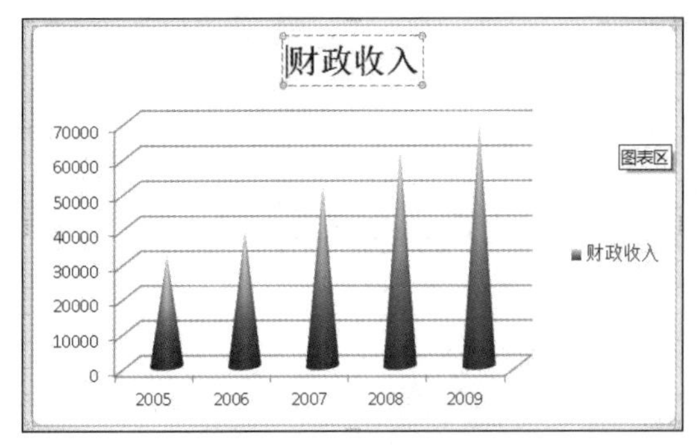

图 3-56　编辑图标题

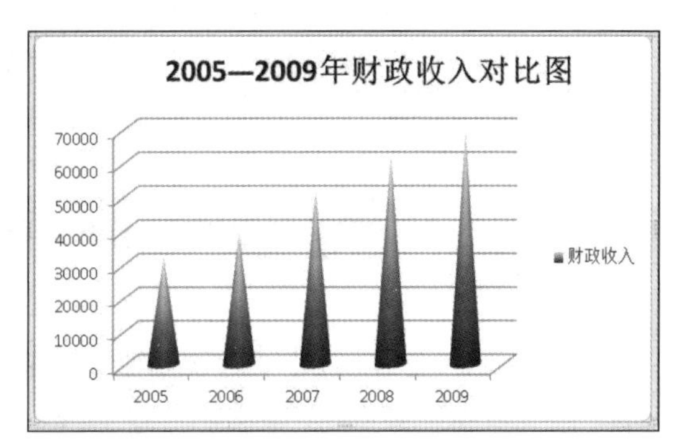

图 3-57　2005—2009 年财政收入对比图

步骤 3：根据题目要求插入空白折线图，如图 3-58 所示。

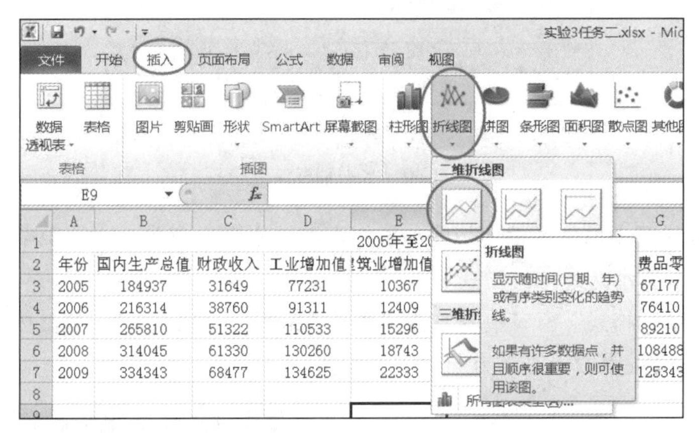

图 3-58　插入空白折线图

单击空白图表，选择上方的“设计”选项卡，在“数据”区域单击“选择数据”，在打开的“选择数据源”窗口选择 D2:D7 区域，如图 3-59 所示。

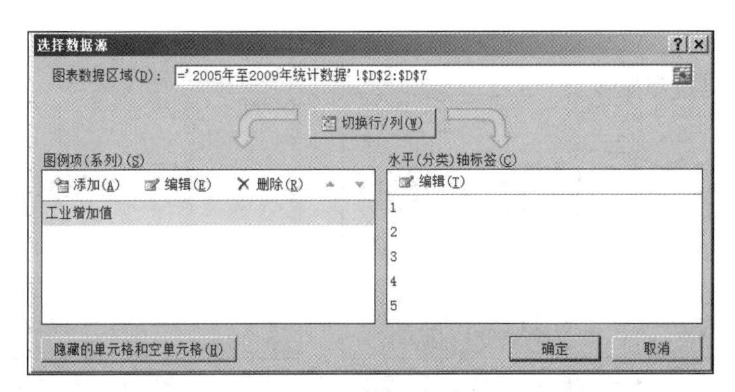

图 3-59　数据源选择

对“水平（分类）轴标签”内容进行编辑，单击“编辑”按钮，在弹出的对话框中“轴标签”区域选择 A3:A7，然后单击“确定”按钮，如图 3-60 所示。

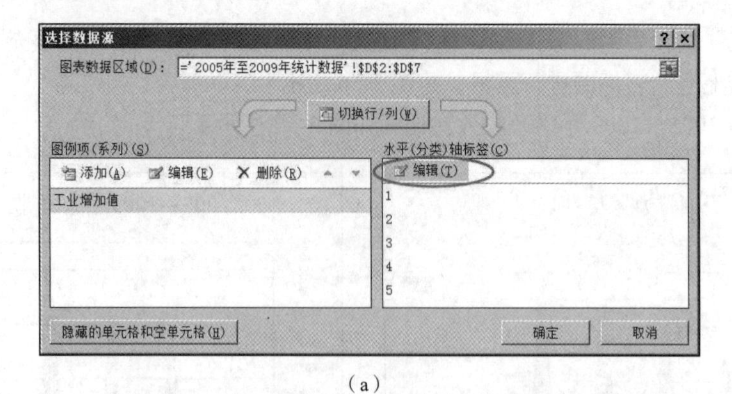

（a）

	A	B	C	D	E	
1					2005年至2009年统计	
2	年份	国内生产总值	财政收入	工业增加值	筑业增加值	全社会
3	2005	184937	31649	77231	10367	
4	2006	216314	38760	91311	12409	
5	2007	265810	51322	110533	15296	
6	2008	314045	61330	130260	18743	
7	2009	334343	68477	134625	22333	

轴标签
轴标签区域(A)：
='2005年至2009年统计数据'!A = 2005, 2006, 20...
确定 取消

（b）

图 3-60　水平轴标签编辑

在完成后的折线图中单击数据项折线，鼠标右键单击弹出菜单，在菜单中选择“设置数据系列格式”，如图 3-61 所示。

在“设置数据系列格式”窗口中的左侧选择“数据标记选项”，在右侧其内容中选择“自动”，如图 3-62 所示。完成设置后单击下方“确定”按钮。

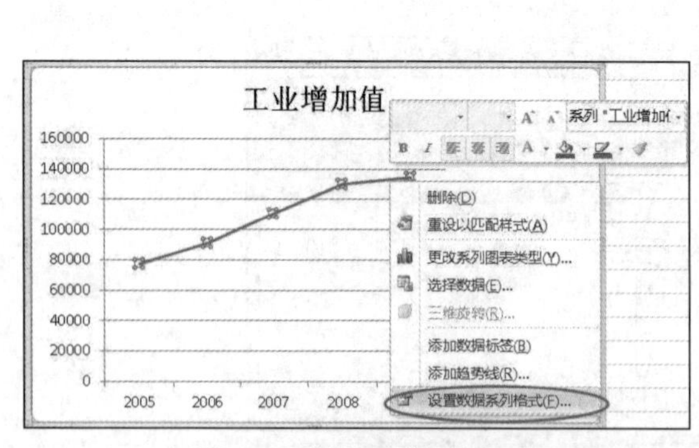

图 3-61　数据图例格式设置

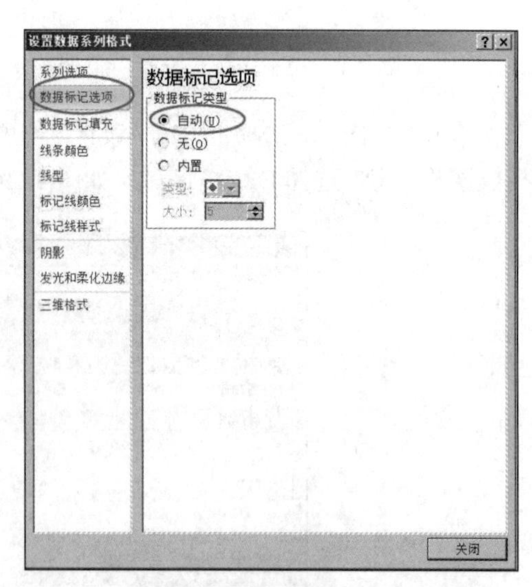

图 3-62　设置数据标记

此时折线图中的数据项上出现各年数据标记，此时单击上方图表标题对其内容进行编辑，如图 3-63 所示。

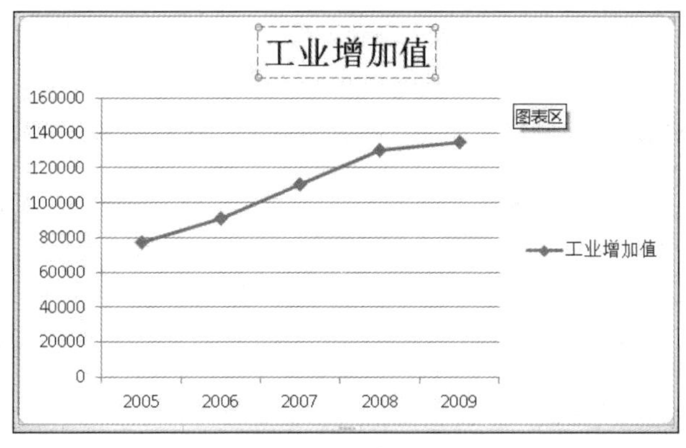

图 3-63　图表标题编辑

最终完成的 2005—2009 年工业增加值趋势图如图 3-64 所示。

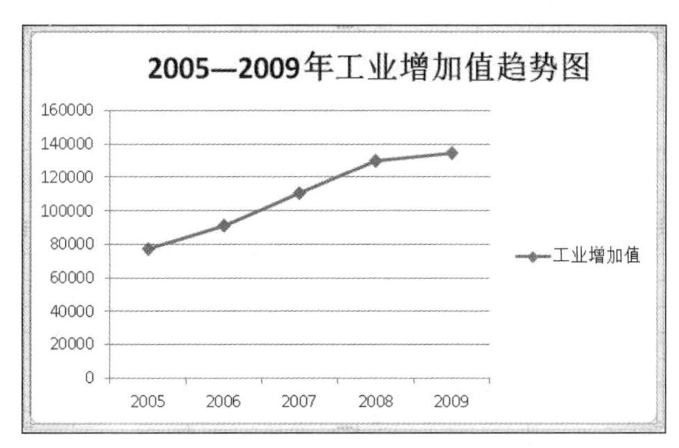

图 3-64　2005—2009 年工业增长值趋势图

实验 4　电子表格中的数据管理和统计

实验目的：通过本次实验操作，主要掌握 Excel 工作表中数据的条件格式、排序、分类汇总、数据筛选及数据透视表等功能，以此来完成电子表格中的数据管理和统计，并且进一步加强对函数的练习与熟悉。

任务一　电子表格中的条件格式、排序与分类汇总

任务描述

小蒋是一位中学教师，在教务处负责初一年级学生的成绩管理。他在计算机中安装了 Microsoft Office，决定通过 Excel 来管理学生成绩，以弥补学校缺少数据库管理系统的不足。现在，第一学期期末考试刚刚结束，小蒋需要对图 3-65 所示的素材文件。利用“条件格式”功能进行下列设置：将语文、数学、英语三科中不低于 110 分的成绩所在的单元格以浅蓝色颜色填充，其他四科中高于 95 分的成绩以深红色字体颜色标出；利用 SUM 和 AVERAGE 函数计算每一个学生的总分及平均成绩。学生学号的第 3、4 位代表该生所在的班级，例如，“120105”代表 12 级 1 班 5

号。请通过函数提取每个学生所在的班级并按下列对应关系填写在“班级”列中：“学号”的3、4位对应班级如01班、02班、03班等；复制工作表“第一学期期末成绩”，将副本放置到原表之后；改变该副本表标签的颜色，并重新命名，新表命名为“分类汇总”；最后通过分类汇总功能求出每个班各科的平均成绩，并将每组结果分页显示。

	A	B	C	D	E	F	G	H	I	J	K	L
1	学号	姓名	班级	语文	数学	英语	生物	地理	历史	政治	总分	平均分
2	120305	包宏伟		91.5	89	94	92	91	86	86		
3	120203	陈万地		93	99	92	86	86	73	92		
4	120104	杜学江		102	116	113	78	88	86	73		
5	120301	符合		99	98	101	95	91	95	78		
6	120306	吉祥		101	94	99	90	87	95	93		
7	120206	李北大		100.5	103	104	88	89	78	90		
8	120302	李娜娜		78	95	94	82	90	93	84		
9	120204	刘康锋		95.5	92	96	84	95	91	92		
10	120201	刘鹏举		93.5	107	96	100	93	92	93		
11	120304	倪冬声		95	97	102	93	95	92	88		
12	120103	齐飞扬		95	85	99	98	92	92	88		
13	120105	苏解放		88	98	101	89	73	95	91		
14	120202	孙玉敏		86	107	89	88	92	88	89		
15	120205	王清华		103.5	105	105	93	93	90	86		
16	120102	谢如康		110	95	98	99	93	93	92		
17	120303	闫朝霞		84	100	97	87	78	89	93		
18	120101	曾令煊		97.5	106	108	98	99	99	96		
19	120106	张桂花		90	111	116	72	95	93	95		

图3-65　案例素材

操作步骤

步骤1：选择语文、数学和英语的成绩单元格“D2:F19”，单击上方的“条件格式”→“突出显示单元格规则”→“其他规则”，如图3-66（a）所示。

在打开的“新建格式规则”编辑框中选择条件为“大于或等于”，具体数值为“110”，然后单击“格式”按钮进入“设置单元格格式”编辑界面，如图3-66（b）所示。

在“设置单元格格式”窗口单击上方种类中的“填充”，选择浅蓝色然后单击“确定”按钮，如图3-66（c）所示。

（a）

图3-66　大于等于条件的生成

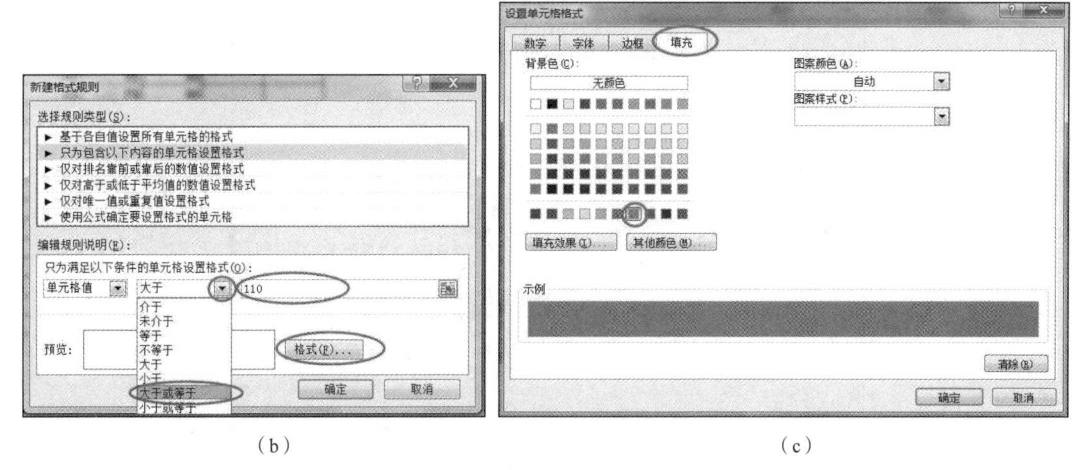

（b）　　　　　　　　　　　　（c）

图 3-66　大于等于条件的生成（续）

步骤 2：选择生物、地理、历史、政治四科的成绩单元格“G2:J19”，单击上方的“条件格式”→“突出显示单元格规则”→“大于”，如图 3-67（a）所示。

在打开的窗口中设置具体数值为“95”，格式为“自定义格式”，如图 3-67（b）所示。

在“设置单元格格式”窗口单击上方种类中的“填充字体”，选择深红色后确定，如图 3-67（c）所示。

学号	姓名	班级	语文	数学	英语	生物	地理	历史	政治
120305	包宏伟		91.5	89	94	92	91	86	86
120203	陈万地		93	99	92	86	86	73	92
120104	杜学江		102	116	113	78	88	86	73
120301	符合		99	98	101	95	91	95	78
120306	吉祥		101	94	99	90	87	95	93
120206	李北大		100.5	103	104	88	89	78	90
120302	李娜娜		78	95	94	82	90	93	84
120204	刘康锋		95.5	92	96	84	95	91	92
120201	刘鹏举		93.5	107	96	100	93	92	93
120304	倪冬声		95	97	102	93	95	92	88
120103	齐飞扬		95	85	99	98	92	92	88
120105	苏解放		88	98	101	89	73	95	91
120202	孙玉敏		86	107	89	88	92	88	89
120205	王清华		103.5	105	105	93	93	90	86
120102	谢如康		110	95	98	99	93	93	92
120303	闫朝霞		84	100	97	87	78	89	93
120101	曾令煊		97.5	106	108	98	99	99	96
120106	张桂花		90	111	116	72	95	93	95

（a）

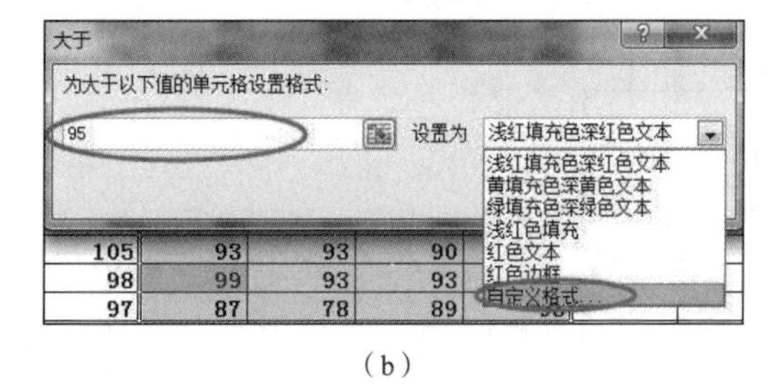

（b）

图 3-67　大于条件的生成

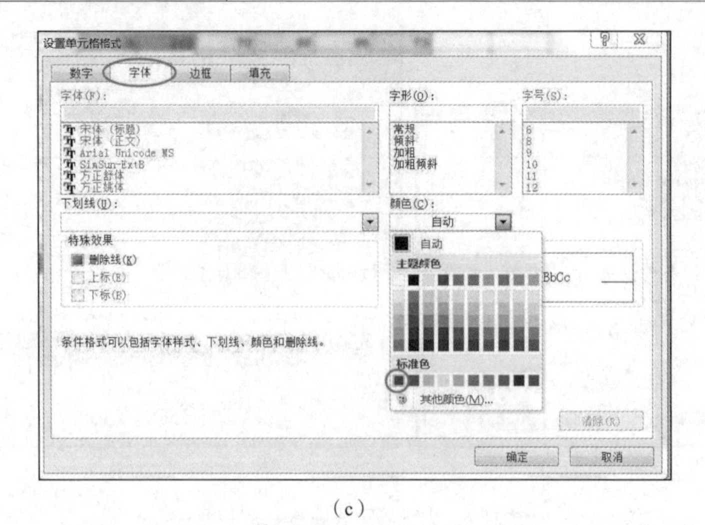

（c）

图 3-67　大于条件的生成（续）

步骤 3：选择第一条记录“包宏伟”对应的总分单元格 K2，插入 SUM 函数，设置如图 3-68 所示。然后使用自动填充功能对剩余的学生总分进行填充，计算出所有学生的总分。

SUM　=SUM(D2:J2)

	A	B	C	D	E	F	G	H	I	J	K	L
1	学号	姓名	班级	语文	数学	英语	生物	地理	历史	政治	总分	平均分
2	120305	包宏伟		91.5	89	94	92	91	86	86	2:J2)	
3	120203	陈万地										
4	120104	杜学江										
5	120301	符合										
6	120306	吉祥										
7	120206	李北大										
8	120302	李娜娜										
9	120204	刘康锋										
10	120201	刘鹏举										
11	120304	倪冬声										
12	120103	齐飞扬										
13	120105	苏解放										
14	120202	孙玉敏										
15	120205	王清华										
16	120102	谢如康										
17	120303	闫朝霞										
18	120101	曾令煊										
19	120106	张桂花										

函数参数
SUM
Number1　D2:J2　= {91.5,89,94,92,91,86,86}
Number2　= 数值
= 629.5
计算单元格区域中所有数值的和
Number1: number1,number2,... 1 到 255 个待求和的数值。单元格中的逻辑值和文本将被忽略。但当作为参数键入时，逻辑值和文本有效
计算结果 = 629.5
有关该函数的帮助(H)　确定　取消

图 3-68　SUM 函数计算总分

再选择第一条记录“包宏伟”对应的平均分单元格 L2，插入 AVERAGE 函数，设置如图 3-69 所示。然后使用自动填充功能对剩余的学生平均分进行填充，计算出所有学生的平均分。

AVERAGE　=AVERAGE(D2:J2)

	A	B	C	D	E	F	G	H	I	J	K	L
1	学号	姓名	班级	语文	数学	英语	生物	地理	历史	政治	总分	平均分
2	120305	包宏伟		91.5	89	94	92	91	86	86	629.5	2:J2)
3	120203	陈万地		93	99	92	86	86	73	92	621	
4	120104	杜学江										
5	120301	符合										
6	120306	吉祥										
7	120206	李北大		10								
8	120302	李娜娜										
9	120204	刘康锋		9								
10	120201	刘鹏举		9								
11	120304	倪冬声										
12	120103	齐飞扬										
13	120105	苏解放										
14	120202	孙玉敏										
15	120205	王清华		10								
16	120102	谢如康										
17	120303	闫朝霞										
18	120101	曾令煊		9								
19	120106	张桂花										
20												

函数参数
AVERAGE
Number1　D2:J2　= {91.5,89,94,92,91,86,86}
Number2　= 数值
= 89.92857143
返回其参数的算术平均值；参数可以是数值或包含数值的名称、数组或引用
Number1: number1,number2,... 是用于计算平均值的 1 到 255 个数值参数
计算结果 = 89.92857143
有关该函数的帮助(H)　确定　取消

图 3-69　AVERAGE 函数计算平均分

步骤 4：选择第一条记录"包宏伟"对应的班级单元格 C2，单击 f_x 插入函数，在搜索函数处输入"mid"，单击"转到"按钮，然后选择 MID 函数打开函数编辑器，如图 3-70 所示。

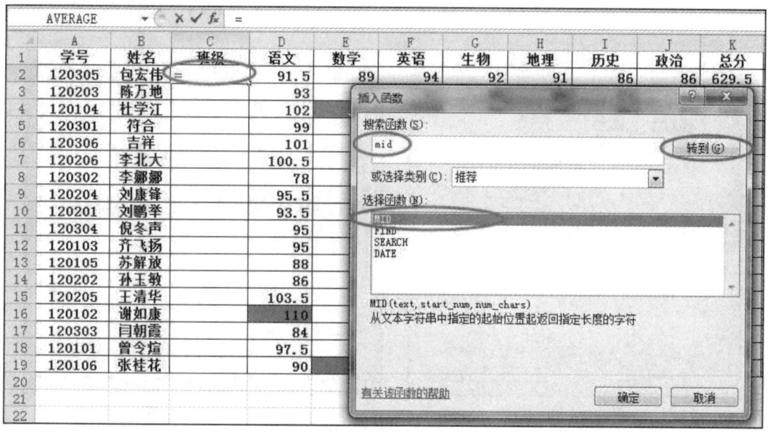

图 3-70　插入 MID 函数

MID 函数为从文本字符串中的指定位置开始提取指定个数的字符，其编辑窗口中各参数数据设置如下。

"Text"参数设置为"A2"（"Text"参数为要提取字符的字符串，本例为学生学号）。

"Start_num"参数设置为"3"（"Start_num"参数为开始提取字符的起始位置，默认是从字符串最左开始计算，每字符或汉字为 1 单位。本例为学号的第 3、4 位为班级，则从学号第 3 位开始提取）。

"Num_chars"参数设置为"2"（"Num_chars"参数为提取的字符长度或个数。本例为学号的第 3、4 位为班级，则提取第 3 和第 4 共 2 位长度）。

完成后，C2 单元格显示如图 3-71 所示。

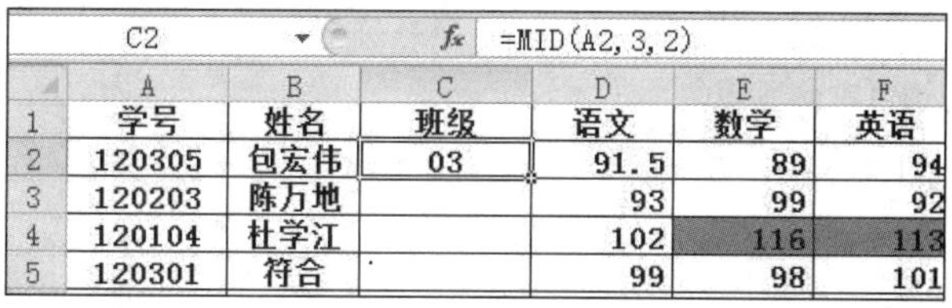

图 3-71　MID 函数结果

按照要求，表格中班级处应显示为"01 班""02 班"等，所以在函数提取的数字后还要加上特定汉字字符"班"。在此我们在 C2 单元格 MID 函数的内容后面添加一个文本运算符及所跟的内容字符"&"班""，此处应注意用英文状态下的双引号，如图 3-72 所示。完成后使用填充功能计算出所有学生的班级信息。

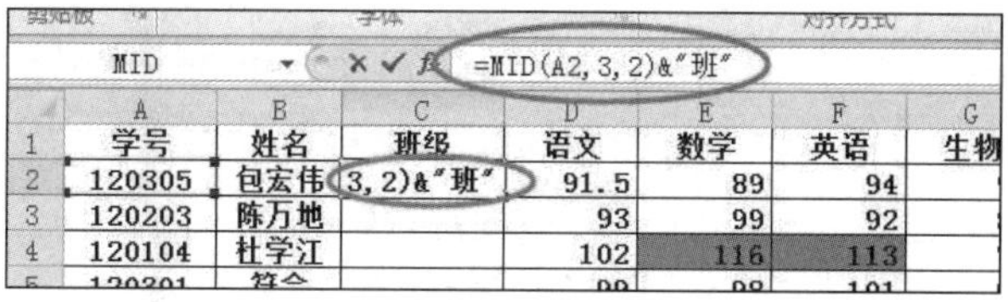

图 3-72　函数加特定字符

步骤 5：鼠标右键单击标签页，在弹出的菜单中选择“移动或复制”，在打开的编辑窗口中选择 Sheet2，并在“建立副本”选框前打勾激活该选项。如图 3-73 所示。或者按住 Ctrl 键不松开的同时鼠标左键拖动“第一学期期末成绩”标签至 Sheet2 标签页前，也可实现复制工作表。

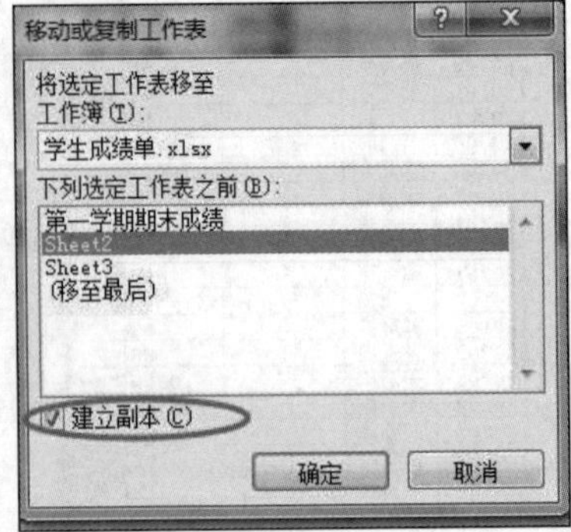

图 3-73 复制工作表

在复制出的工作表标签上单击鼠标右键，在弹出的菜单中选择 “重命名”，此时可编辑更改工作表标签名称内容，将名称更改为“分类汇总”，如图 3-74 所示。

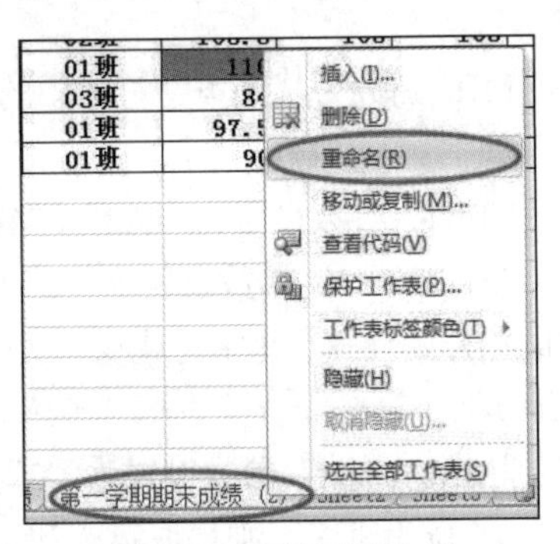

图 3-74 标签页重命名

步骤 6：在新建的“分类汇总”工作表中，选择班级数据列“C1:C19”，鼠标右键单击后在出现的菜单中选择“排序”→“升序”（因为要分类汇总功能求出每个班各科的平均成绩，所以应先按照班级分类，即按照班级为顺序排列数据，我们用排序功能实现关键数据的顺序排列，故此处排序用升序或降序排列都可以），如图 3-75 所示。

图 3-75 数据排序

排序时选择升序或降序后会出现 “排序提醒” 窗口，我们一般选择 “扩展选定区域” 为排序依据，如图 3-76 所示。若只有选定区域数据排序，无其余对应数据，或不需其余对应的数据随排序数据一同改变顺序，则此处选择 “以当前选定区域排序”；若选定的排序数据还有其他非选定的对应数据需随其一同变化顺序，则选择 “扩展区域排序”。本例中我们对班级数据列排序，但每个班级数据还有其对应的其余数据，如学号、姓名、各科成绩等需随班级数据排序时一同改变顺序，故此处选择 “扩展区域区域”。

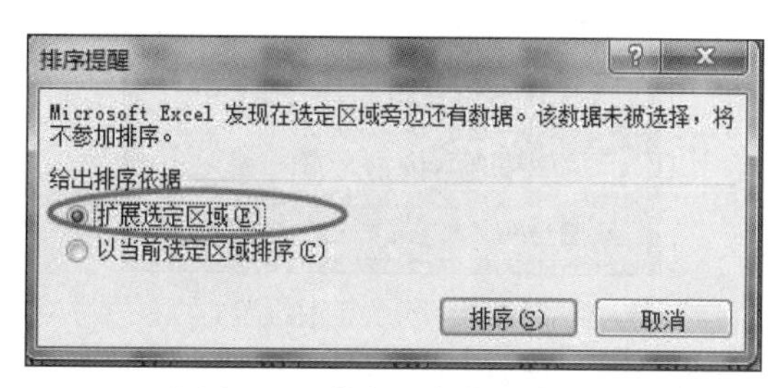

图 3-76 数据排序提醒设置

在对 “班级” 数据列进行排序以分类后，选中整个数据表区域 “A1:L19”，然后在上方的功能区选择 “数据” → “分级显示” → “分类汇总”，如图 3-77 所示。

学号	姓名	班级	语文	数学	英语	生物	地理	历史	政治	总分	平均分
120104	杜学江	01班	102	116	113	78	88	86	73	656	93.71
120103	齐飞扬	01班	95	85	99	98	92	92	88	649	92.71
120105	苏解放	01班	88	98	101	89	73	95	91	635	90.71
120102	谢如康	01班	110	95	98	99	93	93	92	680	97.14
120101	曾令煊	01班	97.5	106	108	98	99	99	96	703.5	100.50
120106	张桂花	01班	90	111	116	72	95	93	95	672	96.00
120203	陈万地	02班	93	99	92	86	86	73	92	621	88.71
120206	李北大	02班	100.5	103	104	88	89	78	90	652.5	93.21
120204	刘康锋	02班	95.5	92	96	84	95	91	92	645.5	92.21
120201	刘鹏举	02班	93.5	107	96	100	93	92	93	674.5	96.36
120202	孙玉敏	02班	86	107	89	88	92	88	89	639	91.29
120205	王清华	02班	103.5	105	105	93	93	90	86	675.5	96.50
120305	包宏伟	03班	91.5	89	94	92	91	86	86	629.5	89.93
120301	符合	03班	99	98	101	95	91	95	78	657	93.86
120306	吉祥	03班	101	94	99	90	87	95	93	659	94.14
120302	李娜娜	03班	78	95	94	82	90	93	84	616	88.00
120304	倪冬声	03班	95	97	102	93	95	92	88	662	94.57
120303	闫朝霞	03班	84	100	97	87	78	89	93	628	89.71

图 3-77 数据分类汇总

此时打开分类汇总设置窗口，各参数设置如图 3-78 所示。

“分类字段” 参数：班级。

“汇总方式” 参数：平均值。

“选定汇总项” 参数：语文、数学、英语、生物、地理、历史、政治。

“替换当前分类汇总” “每组数据分页” 及 “汇总结果显示在数据下方” 三个参数前的方框全部勾选上进行激活。

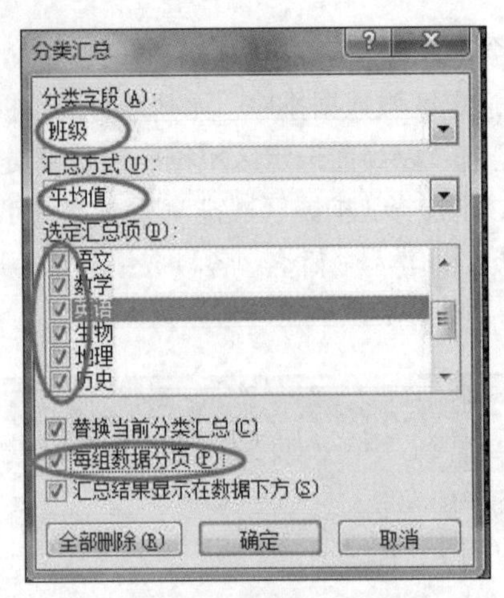

图 3-78　分类汇总设置

分类汇总完成后的最终效果如图 3-79 所示。

	A	B	C	D	E	F	G	H	I	J	K	L
1	学号	姓名	班级	语文	数学	英语	生物	地理	历史	政治	总分	平均分
2	120104	杜学江	01班	102.00	116.00	113.00	78.00	88.00	86.00	73.00	656.00	93.71
3	120103	齐飞扬	01班	95.00	85.00	99.00	98.00	92.00	92.00	88.00	649.00	92.71
4	120105	苏解放	01班	88.00	98.00	101.00	89.00	73.00	95.00	91.00	635.00	90.71
5	120102	谢如康	01班	110.00	95.00	98.00	99.00	93.00	93.00	92.00	680.00	97.14
6	120101	曾令煊	01班	97.50	106.00	108.00	98.00	99.00	99.00	96.00	703.50	100.50
7	120106	张桂花	01班	90.00	111.00	116.00	72.00	95.00	93.00	95.00	672.00	96.00
8			01班 平均值	97.08	101.83	105.83	89.00	90.00	93.00	89.17		
9	120203	陈万地	02班	93.00	99.00	92.00	86.00	86.00	73.00	92.00	621.00	88.71
10	120206	李北大	02班	100.50	103.00	104.00	88.00	89.00	78.00	90.00	652.50	93.21
11	120204	刘康锋	02班	95.50	92.00	96.00	84.00	95.00	91.00	92.00	645.50	92.21
12	120201	刘鹏举	02班	93.50	107.00	96.00	100.00	93.00	92.00	93.00	674.50	96.36
13	120202	孙玉敏	02班	86.00	107.00	89.00	88.00	92.00	88.00	89.00	639.00	91.29
14	120205	王清华	02班	103.50	105.00	105.00	93.00	93.00	90.00	86.00	675.50	96.50
15			02班 平均值	95.33	102.17	97.00	89.83	91.33	85.33	90.33		
16	120305	包宏伟	03班	91.50	89.00	94.00	92.00	91.00	86.00	86.00	629.50	89.93
17	120301	符合	03班	99.00	98.00	101.00	95.00	91.00	95.00	78.00	657.00	93.86
18	120306	吉祥	03班	101.00	94.00	99.00	90.00	87.00	95.00	93.00	659.00	94.14
19	120302	李娜娜	03班	78.00	95.00	94.00	82.00	90.00	93.00	84.00	616.00	88.00
20	120304	倪冬声	03班	95.00	97.00	102.00	93.00	95.00	92.00	88.00	662.00	94.57
21	120303	闫朝霞	03班	84.00	100.00	97.00	87.00	78.00	89.00	93.00	628.00	89.71
22			03班 平均值	91.42	95.50	97.83	89.83	88.67	91.67	87.00		
23			总计平均值	94.61	99.83	100.22	89.56	90.00	90.00	88.83		
24												

图 3-79　分类汇总最终样例

任务二　电子表格中的数据筛选

任务描述

"XX 部门职工工资表"如图 3-80 所示，在 Sheet1 中使用自动筛选功能筛选出男性职工中基本工资大于等于 1500 的人中实发工资最低的职工数据；在 Sheet2 中筛选出基本工资大于 1500 的女性职工或工龄工资大于等于 400 的职工数据，将筛选出的数据在 Sheet2 表中的 A26:M35 单元格区域显示。

XX部门职工工资表

序号	姓名	性别	基本工资	工龄工资	奖金	应得工资	养老保险	医疗保险	失业保险	住房公积金	实发工资	
01	王林	男	1, 500. 00	400. 00	300. 00	2, 200. 00	150. 00	100. 00	50. 00	100. 00	1, 800. 00	
02	李娜	女	1, 200. 00	200. 00	400. 00	1, 800. 00	150. 00	100. 00	50. 00	100. 00	1, 400. 00	
03	杨雄	男	1, 800. 00	600. 00	150. 00	2, 550. 00	200. 00	100. 00	50. 00	100. 00	2, 100. 00	
04	李司思	男	1, 000. 00	100. 00	200. 00	1, 300. 00	100. 00	100. 00	50. 00	100. 00	950. 00	
05	谢正	男	1, 400. 00	300. 00	150. 00	1, 850. 00	150. 00	100. 00	50. 00	100. 00	1, 450. 00	
06	陈丹	女	1, 500. 00	350. 00	260. 00	2, 110. 00	150. 00	100. 00	50. 00	100. 00	1, 710. 00	
07	李怡柯	女	1, 800. 00	200. 00	600. 00	2, 600. 00	300. 00	100. 00	50. 00	100. 00	2, 050. 00	备注
08	苗娟	女	1, 500. 00	300. 00	400. 00	2, 200. 00	300. 00	100. 00	50. 00	100. 00	1, 650. 00	
09	安冬冬	女	1, 300. 00	400. 00	300. 00	2, 000. 00	300. 00	100. 00	50. 00	100. 00	1, 450. 00	
10	李珊珊	女	1, 800. 00	300. 00	600. 00	2, 700. 00	300. 00	100. 00	50. 00	100. 00	2, 150. 00	
11	谭琦	女	1, 600. 00	300. 00	400. 00	2, 300. 00	200. 00	100. 00	50. 00	100. 00	1, 850. 00	
12	路坦	男	1, 400. 00	200. 00	300. 00	1, 900. 00	100. 00	100. 00	50. 00	100. 00	1, 550. 00	
13	温暖	女	1, 400. 00	100. 00	200. 00	1, 700. 00	150. 00	100. 00	50. 00	100. 00	1, 300. 00	
14	李雷	男	1, 350. 00	200. 00	300. 00	1, 850. 00	100. 00	100. 00	50. 00	100. 00	1, 500. 00	
15	韩梅梅	女	1, 500. 00	350. 00	200. 00	2, 050. 00	100. 00	100. 00	50. 00	100. 00	1, 700. 00	
16	李帆	男	1, 600. 00	250. 00	100. 00	1, 950. 00	100. 00	100. 00	50. 00	100. 00	1, 600. 00	

图 3-80　素材图例

操作步骤

步骤 1：根据题目要求自动筛选出男性职工中基本工资大于或等于 1500 的人中实发工资最低的职工数据，选中职工工资表中的属性名称项 A3:L3，在“开始”选项卡中的“编辑”区域选择“筛选”，如图 3-81 所示。

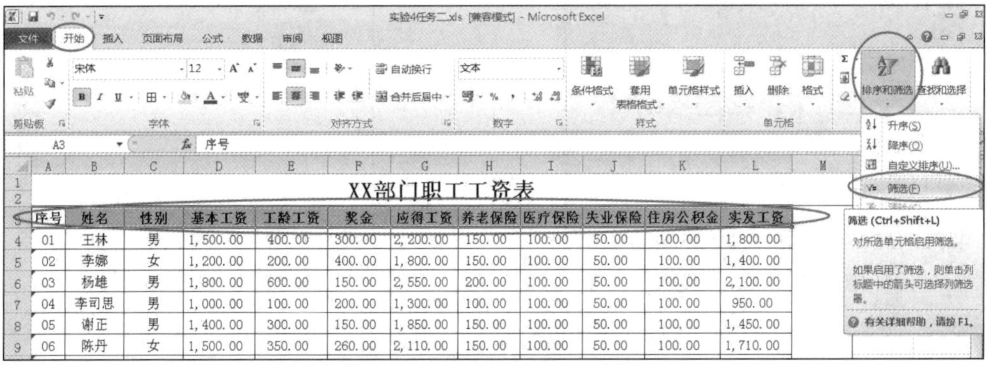

图 3-81　自动筛选方法 1

或者选中 A3:L3 后在“数据”选项卡中的“排序和筛选”区域单击“筛选”按钮，也可达到同样效果，如图 3-82 所示。

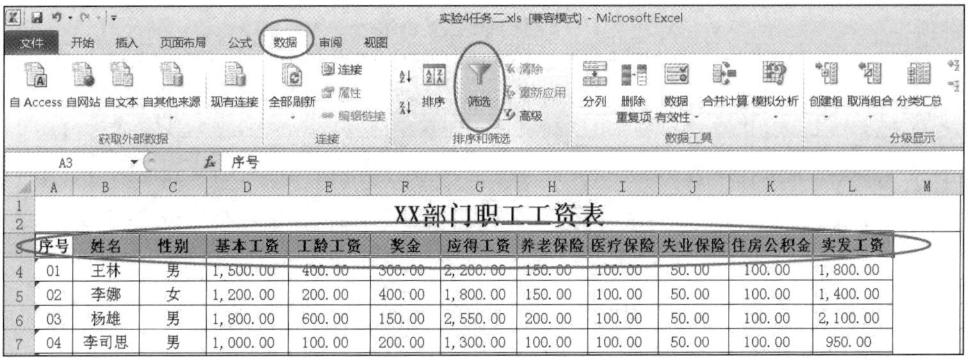

图 3-82　自动筛选方法 2

此时，表中属性名称项出现下拉箭头可供点开，点开 C3 单元格的下拉箭头，单击 “文本筛选”→“等于”，在弹出的自定义条件窗口选择条件为“等于”→“男”，如图 3-83 和图 3-84 所示。

也可如图 3-85 所示，在 C3 下拉菜单中保留“男”前面的对勾，将“女”前面的对勾去掉，也可达到同样的效果，自动筛选出数据表中性别为“男”的数据。

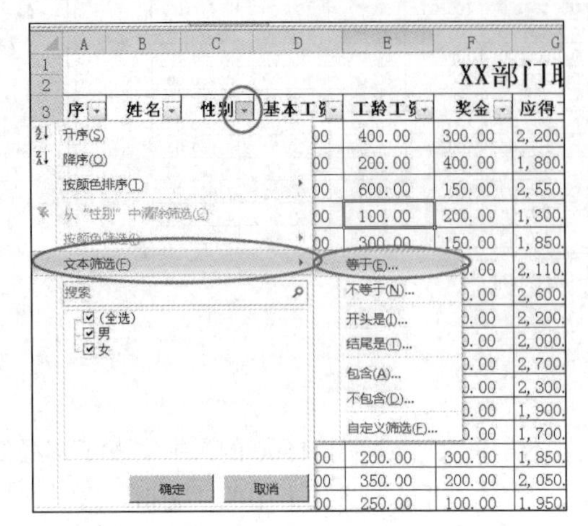

图 3-83　文本筛选方法 1

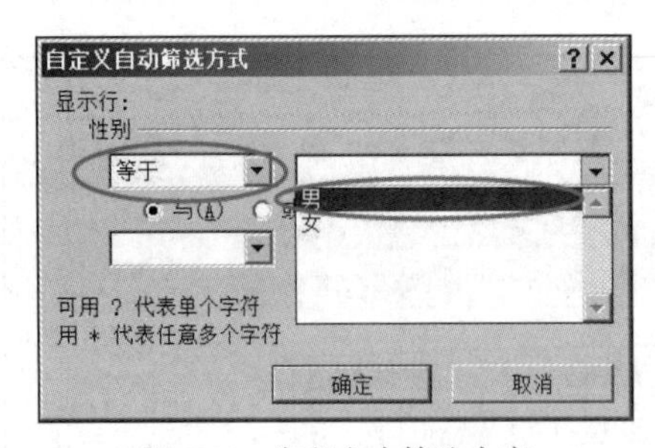

图 3-84　定义文本筛选内容

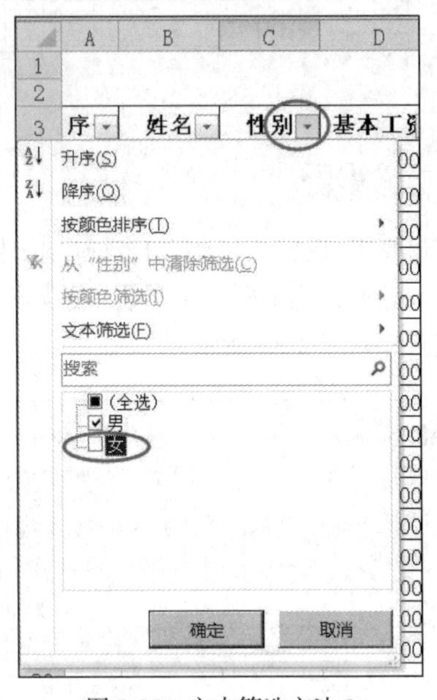

图 3-85　文本筛选方法 2

职工工资表自动筛选出的男性数据结果如图 3-86 所示。

在“性别”属性筛选完成后，继续按照题目要求进行基本工资的筛选，具体方法类似“性别”属性列的筛选。单击“基本工资”属性列的下拉菜单选择“数字筛选”→“小于或等于”，如图 3-87 所示。

XX部门职工工资表

序	姓名	性别	基本工资	工龄工资	奖金	应得工资	养老保险	医疗保险	失业保险	住房公积	实发工资	
01	王林	男	1,500.00	400.00	300.00	2,200.00	150.00	100.00	50.00	100.00	1,800.00	备注
03	杨雄	男	1,800.00	600.00	150.00	2,550.00	200.00	100.00	50.00	100.00	2,100.00	
04	李司思	男	1,000.00	100.00	200.00	1,300.00	100.00	100.00	50.00	100.00	950.00	
05	谢正	男	1,400.00	300.00	150.00	1,850.00	150.00	100.00	50.00	100.00	1,450.00	
12	路坦	男	1,400.00	200.00	300.00	1,900.00	100.00	100.00	50.00	100.00	1,550.00	
14	李雷	男	1,350.00	200.00	300.00	1,850.00	100.00	100.00	50.00	100.00	1,500.00	
16	李帆	男	1,600.00	250.00	100.00	1,950.00	100.00	100.00	50.00	100.00	1,600.00	

图 3-86　男性职工数据

在弹出的窗口中设置“小于或等于”→“1500”，如图 3-88 所示，单击“确定”按钮完成“基本工资”属性的筛选。

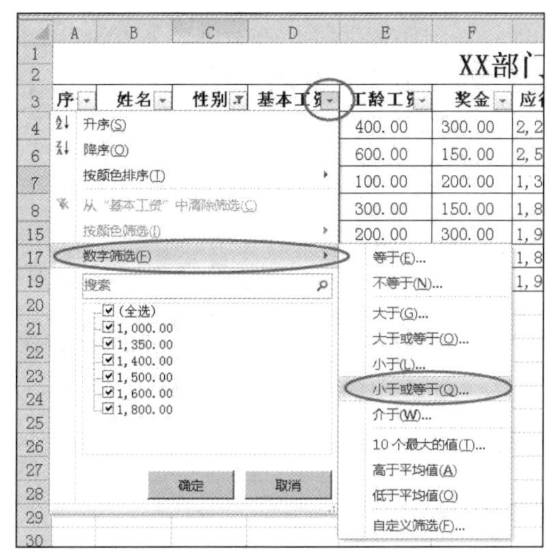

图 3-87　数值筛选

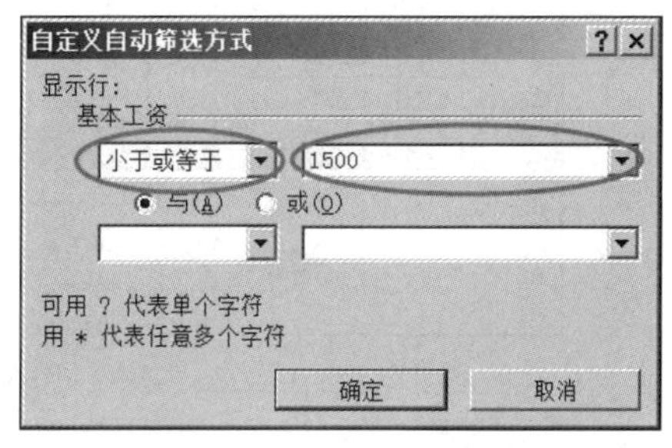

图 3-88　数据筛选参数设定

最后在“实发工资”属性列下拉菜单中，按照题目要求完成其自动筛选，如图 3-89 所示，在下拉菜单中选择“数字筛选”，但是其中没有最小（低）值，在此我们选“10 个最大的值”，如图 3-89 所示。

在弹出的窗口中设置条件为“最小”→“1”→“项”，如图 3-90 所示，单击“确定”按钮后完成自动筛选。

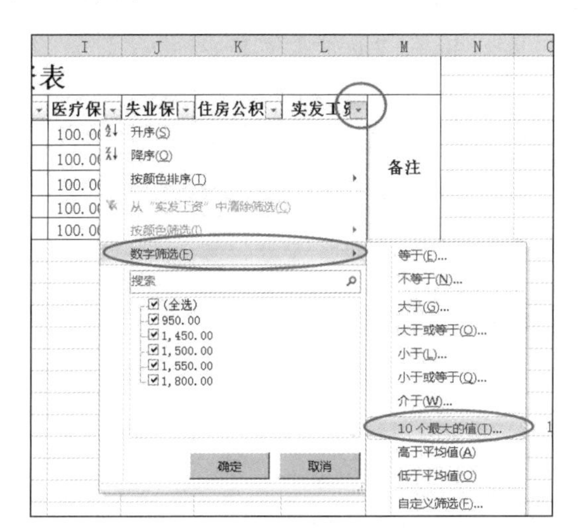

图 3-89　筛选最小值数据

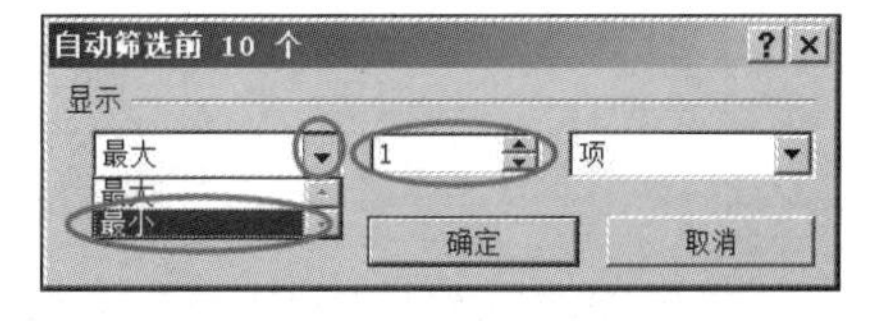

图 3-90　最小值筛选参数设置

最终结果如图 3-91 所示。

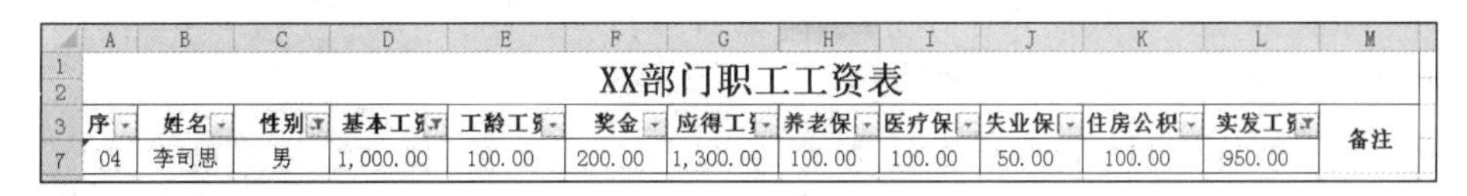

XX部门职工工资表

序	姓名	性别	基本工资	工龄工资	奖金	应得工资	养老保	医疗保	失业保	住房公积	实发工资	备注
04	李司思	男	1,000.00	100.00	200.00	1,300.00	100.00	100.00	50.00	100.00	950.00	

图 3-91　自动筛选最终结果

步骤 2：自动筛选一般只适用于多个“且”条件的筛选，按照题目第 2 个要求，筛选出基本工资大于 1500 的女性职工或工龄工资大于等于 400 的职工数据，此处两个条件为“或”关系，自动筛选在此不适用，需使用 Excel 中的高级筛选功能。如图 3-92 所示，在数据表下方处（位置任选）建立题目要求的筛选条件，将“或”关系的两个条件放在上下不同的两行。

	A	B	C	D	E	F	G	H	I	J	K	L	M
10	07	李怡柯	女	1,800.00	200.00	600.00	2,600.00	300.00	100.00	50.00	100.00	2,050.00	备注
11	08	苗娟	女	1,500.00	300.00	400.00	2,200.00	300.00	100.00	50.00	100.00	1,650.00	
12	09	安冬冬	女	1,300.00	400.00	300.00	2,000.00	300.00	100.00	50.00	100.00	1,450.00	
13	10	李珊珊	女	1,800.00	300.00	600.00	2,700.00	300.00	100.00	50.00	100.00	2,150.00	
14	11	谭琦	女	1,600.00	300.00	400.00	2,300.00	200.00	100.00	50.00	100.00	1,850.00	
15	12	路坦	男	1,400.00	200.00	300.00	1,900.00	100.00	100.00	50.00	100.00	1,550.00	
16	13	温暖	女	1,400.00	100.00	200.00	1,700.00	150.00	100.00	50.00	100.00	1,300.00	
17	14	李蕾	男	1,350.00	200.00	300.00	1,850.00	100.00	100.00	50.00	100.00	1,500.00	
18	15	韩梅梅	女	1,500.00	350.00	200.00	2,050.00	100.00	100.00	50.00	100.00	1,700.00	
19	16	李帆	男	1,600.00	250.00	100.00	1,950.00	100.00	100.00	50.00	100.00	1,600.00	
20													
21													
22				性别	基本工资	工龄工资							
23				女	>1500								
24						>=400							

图 3-92　高级筛选条件建立

筛选条件建立完成后，在“数据”选项卡中“排序和筛选”区域选择“高级”，如图 3-93 所示。

实验4任务二.xls [兼容模式] - Microsoft Excel

文件　开始　插入　页面布局　公式　数据　审阅　视图

自 Access　自网站　自文本　自其他来源　现有连接　全部刷新　连接　属性　编辑链接　排序　筛选　清除　重新应用　高级　分列　删除重复项　数据有效性　合并计算　模拟分析　创建组　取消组合　分类汇总

获取外部数据　连接　排序和筛选　数据工具　分级显示

D22　性别

高级
指定复杂条件，限制查询结果集中要包括的记录。

	A	B	C	D	E	F	G	H	I	J	K	L	M
4	01	王林	男	1,500.00	400.00	300.00	2,200.0[illegible]	[illegible]	[illegible]	50.00	100.00	1,800.00	
5	02	李娜	女	1,200.00	200.00	400.00	1,800.00	[illegible]	[illegible]	50.00	100.00	1,400.00	
6	03	杨雄	男	1,800.00	600.00	150.00	2,550.00	200.00	100.00	50.00	100.00	2,100.00	
7	04	李司思	女	1,000.00	100.00	200.00	1,300.00	100.00	100.00	50.00	100.00	950.00	
8	05	谢正	男	1,400.00	300.00	150.00	1,850.00	150.00	100.00	50.00	100.00	1,450.00	
9	06	陈丹	女	1,500.00	350.00	260.00	2,110.00	150.00	100.00	50.00	100.00	1,710.00	
10	07	李怡柯	女	1,800.00	200.00	600.00	2,600.00	300.00	100.00	50.00	100.00	2,050.00	备注
11	08	苗娟	女	1,500.00	300.00	400.00	2,200.00	300.00	100.00	50.00	100.00	1,650.00	
12	09	安冬冬	女	1,300.00	400.00	300.00	2,000.00	300.00	100.00	50.00	100.00	1,450.00	
13	10	李珊珊	女	1,800.00	300.00	600.00	2,700.00	300.00	100.00	50.00	100.00	2,150.00	
14	11	谭琦	女	1,600.00	300.00	400.00	2,300.00	200.00	100.00	50.00	100.00	1,850.00	
15	12	路坦	男	1,400.00	200.00	300.00	1,900.00	100.00	100.00	50.00	100.00	1,550.00	
16	13	温暖	女	1,400.00	100.00	200.00	1,700.00	150.00	100.00	50.00	100.00	1,300.00	
17	14	李蕾	男	1,350.00	200.00	300.00	1,850.00	100.00	100.00	50.00	100.00	1,500.00	
18	15	韩梅梅	女	1,500.00	350.00	200.00	2,050.00	100.00	100.00	50.00	100.00	1,700.00	
19	16	李帆	男	1,600.00	250.00	100.00	1,950.00	100.00	100.00	50.00	100.00	1,600.00	
20													
21													
22				性别	基本工资	工龄工资							
23				女	>1500								
24						>=400							

图 3-93　高级筛选方法

在高级筛选的弹出窗口中进行各参数设置，按照题目要求将筛选结果复制到 A26:M35 的区域，则“方式”处选择“将筛选结果复制到其他位置”；“列表区域”为原数据表区域 A3:M19；“条件区域”为我们自己建立的筛选条件所在位置 D22:F24；“复制到”为希望筛选出的结果所显示的位置区域，此处为题目要求的 A26:M35，如图 3-94 所示。

单击“确定”按钮，完成高级筛选，最终结果如图 3-95 所示。

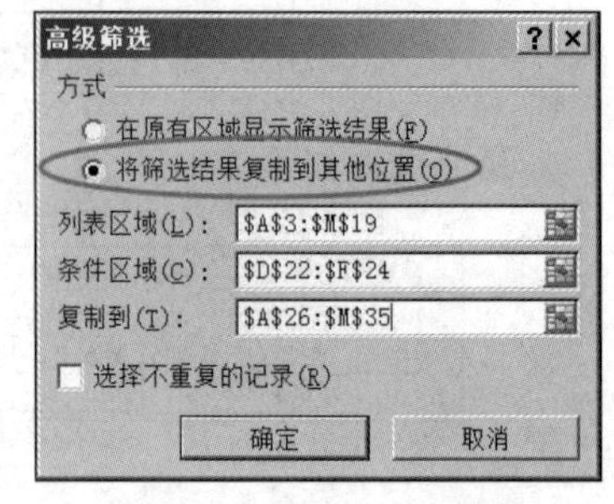

图 3-94　高级筛选参数设置

序号	姓名	性别	基本工资	工龄工资	奖金	应得工资	养老保险	医疗保险	失业保险	住房公积金	实发工资	备注
XX部门职工工资表												
01	王林	男	1,500.00	400.00	300.00	2,200.00	150.00	100.00	50.00	100.00	1,800.00	备注
02	李娜	女	1,200.00	200.00	400.00	1,800.00	150.00	100.00	50.00	100.00	1,400.00	
03	杨雄	男	1,800.00	600.00	150.00	2,550.00	200.00	100.00	50.00	100.00	2,100.00	
04	李司思	女	1,000.00	100.00	200.00	1,300.00	100.00	100.00	50.00	100.00	950.00	
05	谢正	男	1,400.00	300.00	150.00	1,850.00	150.00	100.00	50.00	100.00	1,450.00	
06	陈丹	女	1,500.00	350.00	260.00	2,110.00	150.00	100.00	50.00	100.00	1,710.00	
07	李怡柯	女	1,800.00	200.00	600.00	2,600.00	300.00	100.00	50.00	100.00	2,050.00	
08	苗娟	女	1,500.00	300.00	400.00	2,200.00	300.00	100.00	50.00	100.00	1,650.00	
09	安冬冬	女	1,300.00	400.00	300.00	2,000.00	300.00	100.00	50.00	100.00	1,450.00	
10	李珊珊	女	1,800.00	300.00	600.00	2,700.00	300.00	100.00	50.00	100.00	2,150.00	
11	谭琦	女	1,600.00	300.00	400.00	2,300.00	200.00	100.00	50.00	100.00	1,850.00	
12	路坦	男	1,400.00	200.00	300.00	1,900.00	100.00	100.00	50.00	100.00	1,550.00	
13	温暖	女	1,400.00	100.00	200.00	1,700.00	150.00	100.00	50.00	100.00	1,300.00	
14	李雷	男	1,350.00	200.00	300.00	1,850.00	100.00	100.00	50.00	100.00	1,500.00	
15	韩梅梅	女	1,500.00	350.00	200.00	2,050.00	100.00	100.00	50.00	100.00	1,700.00	
16	李帆	男	1,600.00	250.00	100.00	1,950.00	100.00	100.00	50.00	100.00	1,600.00	

性别	基本工资	工龄工资
女	>1500	
		>=400

序号	姓名	性别	基本工资	工龄工资	奖金	应得工资	养老保险	医疗保险	失业保险	住房公积金	实发工资	备注
01	王林	男	1,500.00	400.00	300.00	2,200.00	150.00	100.00	50.00	100.00	1,800.00	
03	杨雄	男	1,800.00	600.00	150.00	2,550.00	200.00	100.00	50.00	100.00	2,100.00	
07	李怡柯	女	1,800.00	200.00	600.00	2,600.00	300.00	100.00	50.00	100.00	2,050.00	
09	安冬冬	女	1,300.00	400.00	300.00	2,000.00	300.00	100.00	50.00	100.00	1,450.00	
10	李珊珊	女	1,800.00	300.00	600.00	2,700.00	300.00	100.00	50.00	100.00	2,150.00	
11	谭琦	女	1,600.00	300.00	400.00	2,300.00	200.00	100.00	50.00	100.00	1,850.00	

图 3-95　高级筛选最终结果

任务三　电子表格中数据透视表的建立

任务描述

现有大地公司某品牌计算机设备全年销量统计表，如图 3-96 所示，为便于领导进行决策，需对其中数据进行统计分析。现给工作表中的销售数据创建一个数据透视表，放置在一个名为“数据透视分析”的新工作表中，要求针对各类商品比较各门店每个季度的销售额。其中：商品名称为报表筛选字段，店铺为行标签，季度为列标签，并对销售额求和。

店铺	季度	商品名称	销售量	销售额
大地公司某品牌计算机设备全年销量统计表				
西直门店	1季度	笔记本	200	910462.24
西直门店	2季度	笔记本	150	682846.68
西直门店	3季度	笔记本	250	1138077.8
西直门店	4季度	笔记本	300	1365693.4
中关村店	1季度	笔记本	230	1047031.6
中关村店	2季度	笔记本	180	819416.02
中关村店	3季度	笔记本	290	1320170.2
中关村店	4季度	笔记本	350	1593308.9
上地店	1季度	笔记本	180	819416.02
上地店	2季度	笔记本	140	637323.57
上地店	3季度	笔记本	220	1001508.5
上地店	4季度	笔记本	280	1274647.1
亚运村店	1季度	笔记本	210	955985.35
亚运村店	2季度	笔记本	170	773892.9
亚运村店	3季度	笔记本	260	1183600.9
亚运村店	4季度	笔记本	320	1456739.6
西直门店	1季度	台式机	260	1003918.6
西直门店	2季度	台式机	243	938277.75
西直门店	3季度	台式机	362	1397763.6
西直门店	4季度	台式机	377	1455681.9
中关村店	1季度	台式机	261	1007779.8
中关村店	2季度	台式机	349	1347567.6
中关村店	3季度	台式机	400	1544490.1
中关村店	4季度	台式机	416	1606269.7
上地店	1季度	台式机	247	953722.65
上地店	2季度	台式机	230	888081.82
上地店	3季度	台式机	285	1100449.2
上地店	4季度	台式机	293	1131339
亚运村店	1季度	台式机	336	1297371.7

sheet1

图 3-96　素材示例

操作步骤

单击“插入”选项卡，在“表格”区域选择“数据透视表”，插入一个空白的数据透视表，如图 3-97 所示。

在打开的“创建数据透视表”窗口选择生成数据透视表的数据，这里选择 A2:E82，按照题目要求生成的数据透视表应在新的工作表中，所以选择放置数据透视表的位置为新工作表，如图 3-98 所示。

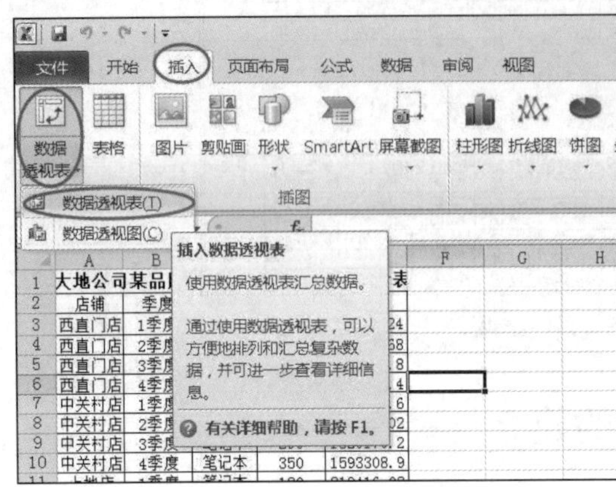

图 3-97　插入数据透视表

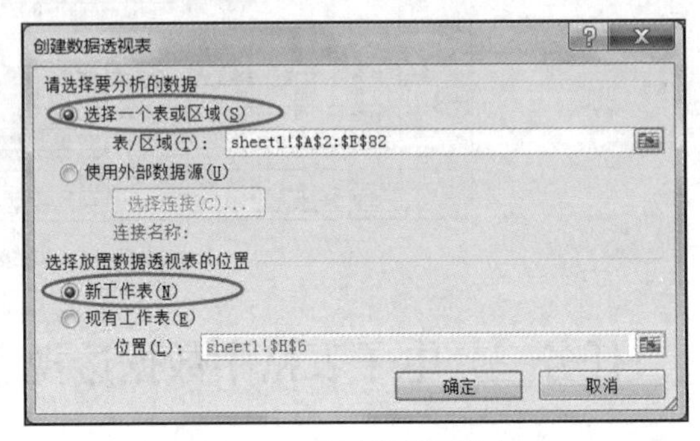

图 3-98　创建数据透视表

单击“确定”按钮后在一个新的页面生成空白数据透视表，右侧为数据透视表的属性字段设置窗口，如图 3-99 所示。

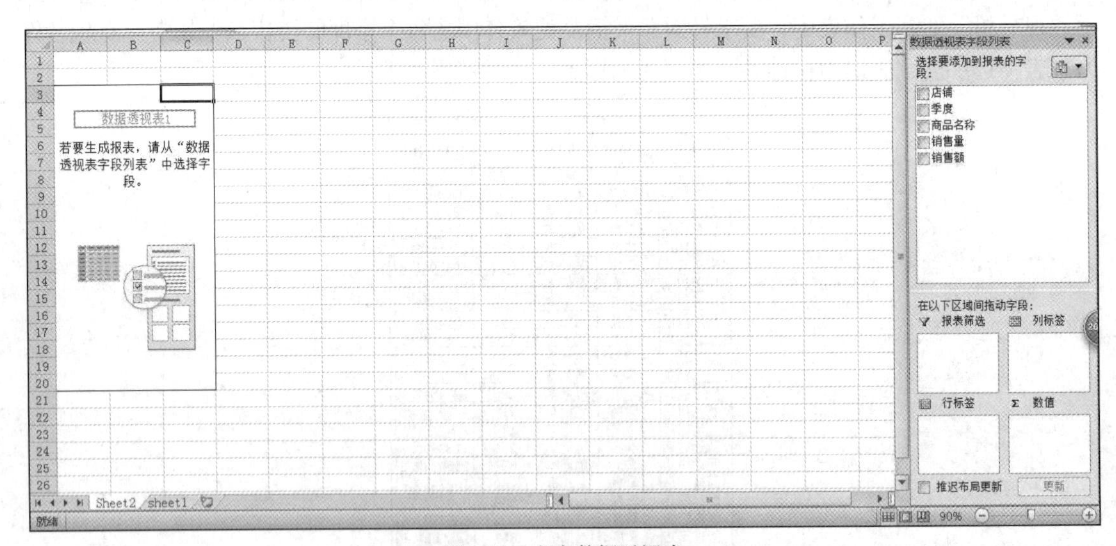

图 3-99　空白数据透视表

在此，我们根据题目要求，将商品名称设置为报表筛选字段，店铺设置为行标签，季度设置为列标签，设置销售额求和，具体方法为将上方属性字段用鼠标左键拖动至下方对应的区域，如图 3-100 所示。

设置完成后，工作表中的数据透视表内容显示完成，如图 3-101 所示。

图 3-100　数据透视表参数设定

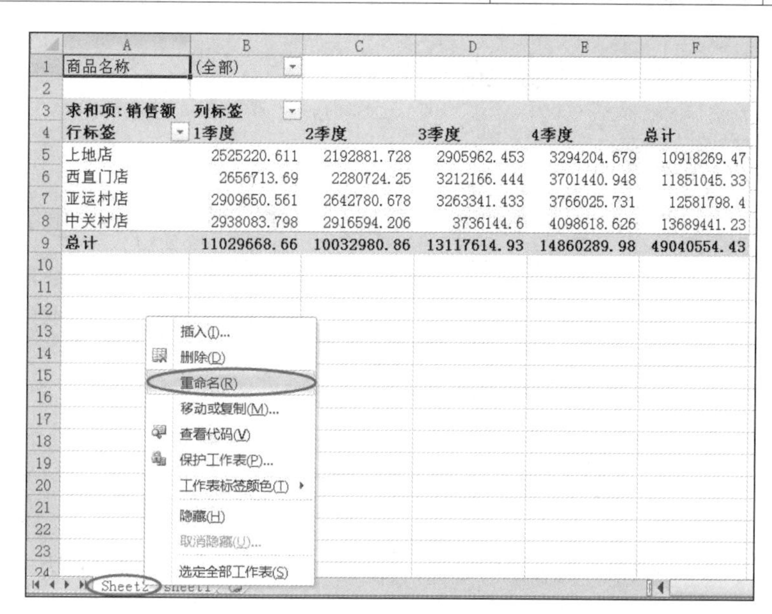

	A	B	C	D	E	F
1	商品名称	(全部)				
2						
3	求和项:销售额	列标签				
4	行标签	1季度	2季度	3季度	4季度	总计
5	上地店	2525220.611	2192881.728	2905962.453	3294204.679	10918269.47
6	西直门店	2656713.69	2280724.25	3212166.444	3701440.948	11851045.33
7	亚运村店	2909650.561	2642780.678	3263341.433	3766025.731	12581798.4
8	中关村店	2938083.798	2916594.206	3736144.6	4098618.626	13689441.23
9	总计	11029668.66	10032980.86	13117614.93	14860289.98	49040554.43

图 3-101　Sheet2 改名

最后按照题目要求将 Sheet2 工作表标签改名为“数据透视分析”，整个题目完成，最终如图 3-102 所示。

	A	B	C	D	E	F
1	商品名称	(全部)				
2						
3	求和项:销售额	列标签				
4	行标签	1季度	2季度	3季度	4季度	总计
5	上地店	2525220.611	2192881.728	2905962.453	3294204.679	10918269.47
6	西直门店	2656713.69	2280724.25	3212166.444	3701440.948	11851045.33
7	亚运村店	2909650.561	2642780.678	3263341.433	3766025.731	12581798.4
8	中关村店	2938083.798	2916594.206	3736144.6	4098618.626	13689441.23
9	总计	11029668.66	10032980.86	13117614.93	14860289.98	49040554.43

数据透视分析　sheet1

图 3-102　数据透视表最终样例

实验 5　Excel 综合练习

实验目的：通过本次实验操作，进一步加强对 Excel 各内容的练习。

任务一　综合练习 1

任务描述

现有一学生成绩单如图 3-103 所示，请按下列要求完成对学生成绩单的数据处理。

	A	B	C	D	E	F	G	H	I
1	成绩单								
2	学号	各科在总评中所占比例	30%	30%	20%	20%	总评	等级评分	最高分科目
3	12001001	姓名	语文	数学	英语	综合			
4	12001002	李伟	92	97	87	94			
5	12001003	李辉	89	89	82	92			
6	12001004	范俊	93	71	78	91			
7	12001005	郝艳芬	88	92	95	80			
8	12001006	彭祥	97	90	91	97			
9	平均分								

图 3-103　学生成绩单

（1）表格要有可视的边框，标题居中显示，并将文字设置为宋体、黑色、12 磅、居中。

（2）用公式计算每名学生的总评。总评的计算方法为学生各科目成绩按表中给定的比例做加权平均，将计算结果填入对应单元格中。

（3）根据总评，用 IF 函数计算等级评定，等级评定的方法为大于等于 90 分为 A，小于 90 分大于等于 85 分为 B，其他为 C，将计算结果填入对应单元格中。

（4）用 INDEX、MATCH、MAX 函数计算每名学生最高分科目，将最高分对应的科目名称填入对应单元格中。

（5）用 AVERAGE 函数计算每个科目的平均分，将计算结果填入对应单元格中，计算结果保留 1 位小数。

操作步骤

步骤 1：根据题目要求为表格加上可视边框，选中 A1:I9 单元格区域，在“开始”选项卡中的“字体”区域选择“边框”处的下拉按钮，在弹出的菜单中选择“所有框线”，为数据表加上可视边框，如图 3-104 所示。

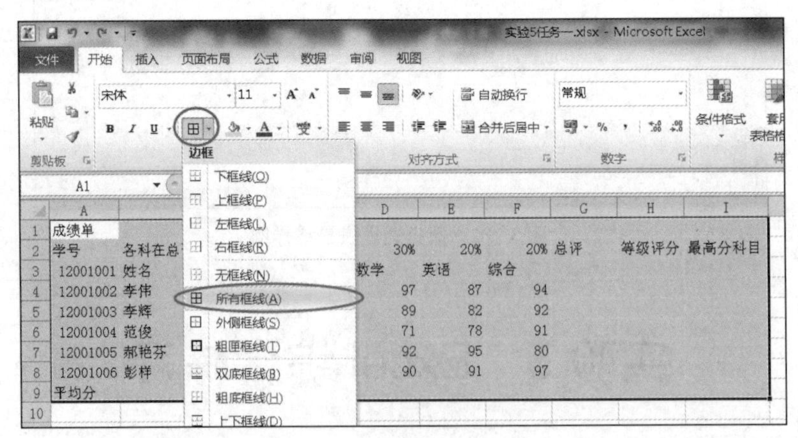

图 3-104　表格加可视边框

表格加上可视边框后，将标题“成绩单”居于数据表正上方，选中 A1:I1 单元格区域，在“开始”选项卡中的“对齐方式”区域单击“合并后居中”，将 A1:I1 单元格合并并将 “成绩单”居中显示，如图 3-105 所示。

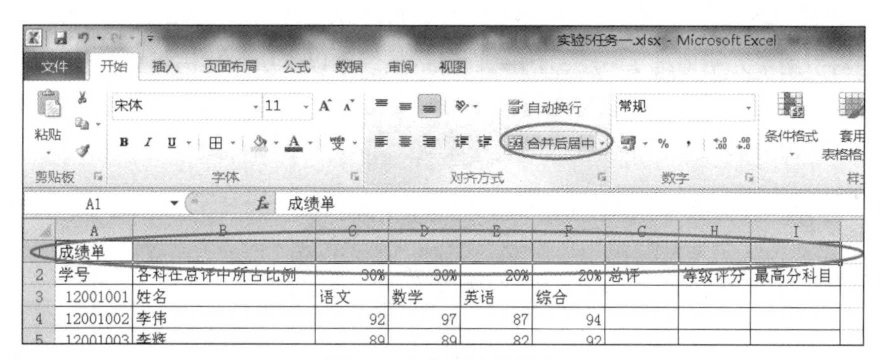

图 3-105 标题合并居中

最后根据题目要求对字体字号字色对齐方式等进行设置。选中 A1:I1 单元格区域，在“开始”选项卡的“字体”区域选择“宋体”“12”磅字、“黑色，文字 1”，然后在“对齐方式”区域选择“居中”对齐，如图 3-106 所示。

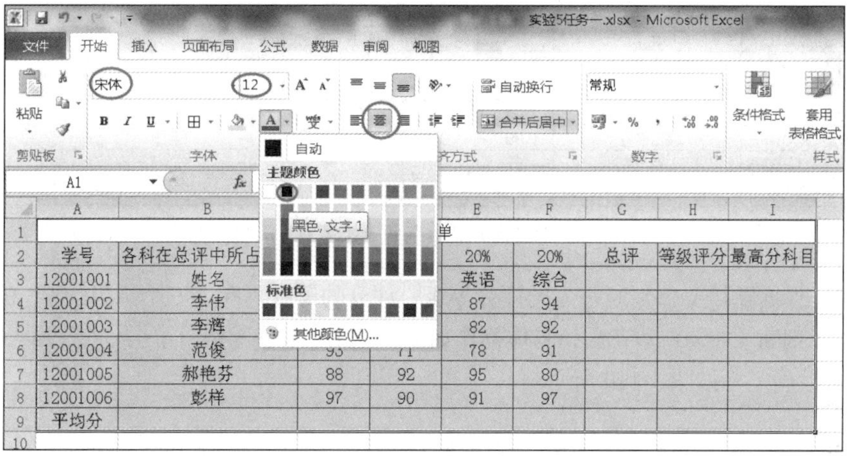

图 3-106 字体等设置

再选择 G2:G3 单元格，单击“开始”选项卡中的“对齐方式”区域的“合并后居中”将 G2:G3 单元格合并，并单击“对齐方式”区域的“垂直居中”和“居中”，使其完全水平和垂直方向都居中，如图 3-107 所示。最后将 H2:H3 单元格区域和 I2:I3 单元格区域按此方法设置。

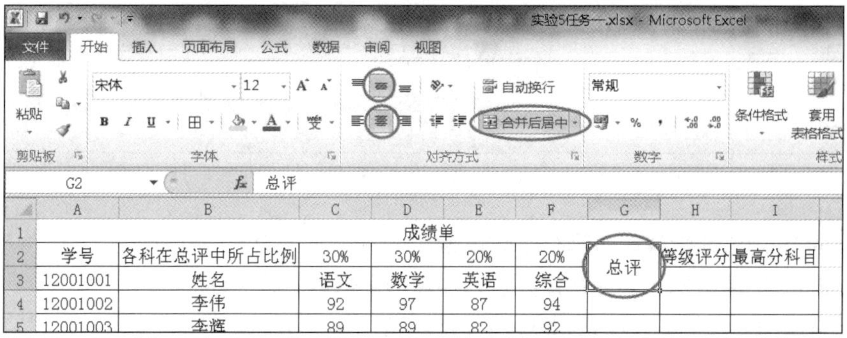

图 3-107 合并单元格并垂直居中

步骤 2：按照题目要求，按每门课的加权比例计算总评成绩操作如下，选中李伟对应的总评成绩单元格 G4，在编辑区域输入“=C4*$C$2+D4*$D$2+E4*$E$2+F4*$F$2”（其中加$符的单元格地址为绝对引用单元格地址），方法为用每门课的成绩乘以其所占比例相加求和，如图 3-108 所示。李伟总评分数计算完成后，鼠标左键按住 G4 单元格右下角填充柄不放，下拉进行填充，直接算出李辉、范俊、郝艳芬、彭祥等人的总评成绩，如图 3-109 所示。

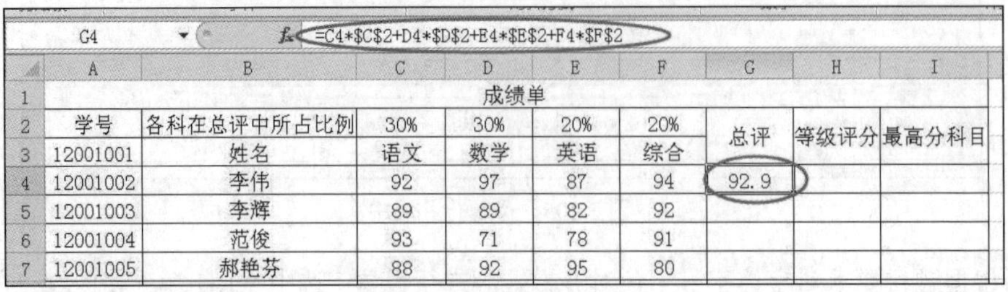

G4　fx　=C4*$C$2+D4*$D$2+E4*$E$2+F4*$F$2

	A	B	C	D	E	F	G	H	I
1	成绩单								
2	学号	各科在总评中所占比例	30%	30%	20%	20%	总评	等级评分	最高分科目
3	12001001	姓名	语文	数学	英语	综合			
4	12001002	李伟	92	97	87	94	92.9		
5	12001003	李辉	89	89	82	92			
6	12001004	范俊	93	71	78	91			
7	12001005	郝艳芬	88	92	95	80			

图 3-108　总评成绩计算

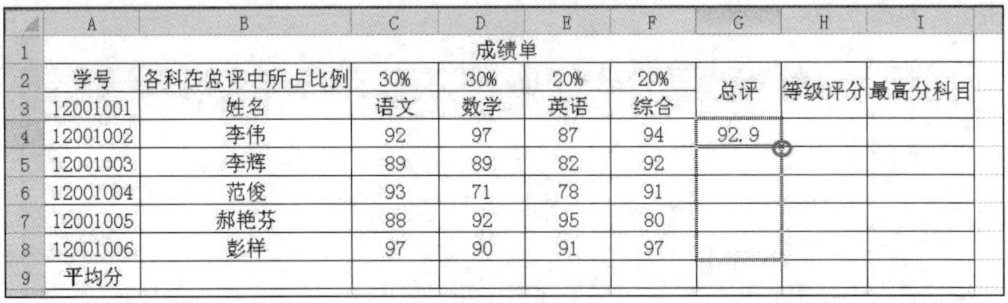

	A	B	C	D	E	F	G	H	I
1	成绩单								
2	学号	各科在总评中所占比例	30%	30%	20%	20%	总评	等级评分	最高分科目
3	12001001	姓名	语文	数学	英语	综合			
4	12001002	李伟	92	97	87	94	92.9		
5	12001003	李辉	89	89	82	92			
6	12001004	范俊	93	71	78	91			
7	12001005	郝艳芬	88	92	95	80			
8	12001006	彭祥	97	90	91	97			
9	平均分								

图 3-109　填充柄下拉填充

步骤 3：根据题目要求判断每人的评分等级，评分的等级判断为三个结果（A、B、C）需要进行两次逻辑判断（>=90、>=85），具体操作如下：选中 H4 单元格，单击“*fx*”插入函数按钮，选择 IF 函数后确定，如图 3-110 所示。

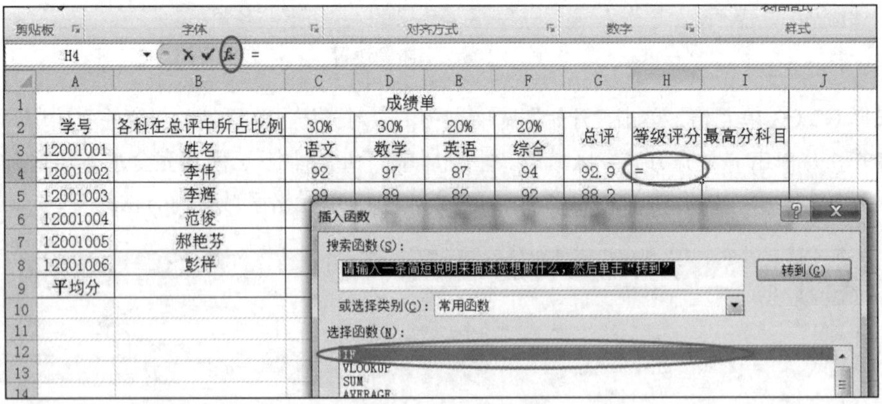

剪贴板　字体　对齐方式　数字　样式

H4　× ✓ fx　=

	A	B	C	D	E	F	G	H	I	J
1	成绩单									
2	学号	各科在总评中所占比例	30%	30%	20%	20%	总评	等级评分	最高分科目	
3	12001001	姓名	语文	数学	英语	综合				
4	12001002	李伟	92	97	87	94	92.9	=		
5	12001003	李辉	89	89	82	92	88.2			
6	12001004	范俊								
7	12001005	郝艳芬								
8	12001006	彭祥								
9	平均分									

插入函数

搜索函数(S)：

请输入一条简短说明来描述您想做什么，然后单击“转到”　转到(G)

或选择类别(C)：常用函数

选择函数(N)：

IF
VLOOKUP
SUM
AVERAGE

图 3-110　插入 IF 函数

在打开的 IF 函数编辑器窗口进行参数设置。

“Logical_test”参数输入第一次需要进行判断的逻辑表达式：G4>=90。

“Value_if_true”参数输入如果判断成立后显示的结果：A。

“Value_if_false”参数输入如果判断不成立则显示的结果或判断不成立后需进行的后续判断，

在此我们插入另外一个 IF 函数。单击“Value_if_false”参数后的文本框区域，然后单击名称框右侧的下拉箭头，在弹出的菜单中选择 IF 函数，如图 3-111 所示。

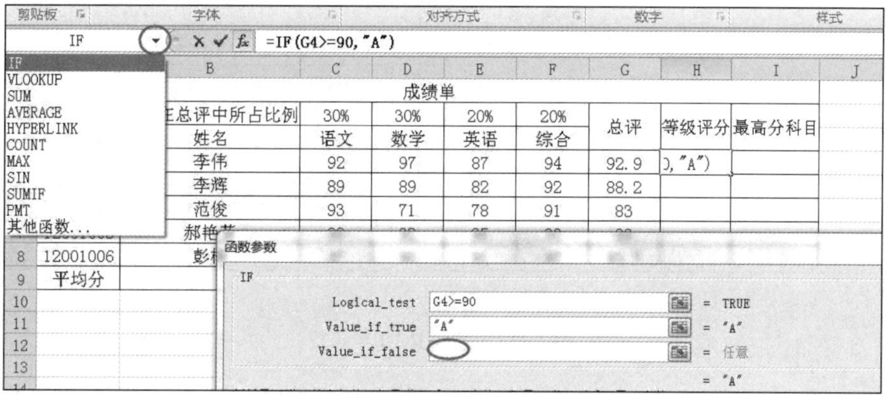

图 3-111 IF 函数中嵌套 IF 函数

在第 2 个 IF 函数编辑窗口进行各参数设置，如图 3-112 所示。

“Logical_test”参数输入第二次需要进行判断的逻辑表达式：G4>=85。

“Value_if_true”参数输入如果判断成立后显示的结果：B。

“Value_if_false”参数输入如果判断不成立则显示的结果：C。

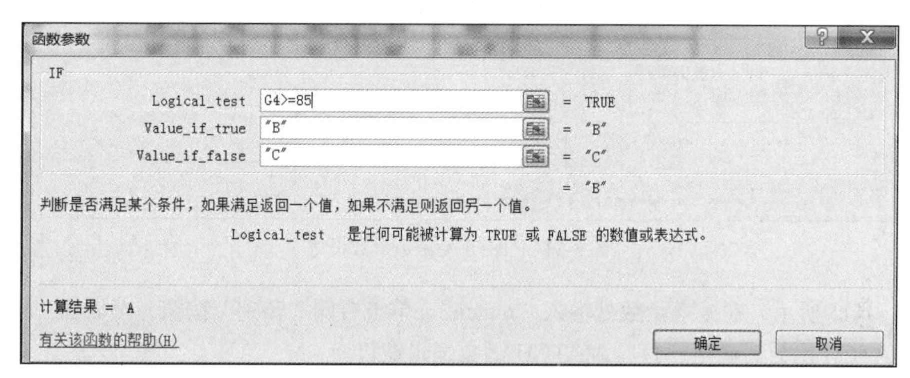

图 3-112 第 2 层 IF 函数参数设置

步骤 4：根据题目要求使用 INDEX、MATCH 和 MAX 函数进行三个函数的复合使用，自动计算出每人最高分科目名称，首先熟悉三个函数的函数功能。

INDEX：在给定的单元格区域中，返回特定行列交叉处单元格的值或引用。

MATCH：返回符合特定值特定顺序的项在数组中的相对位置。

MAX：返回一组数值中的最大值，忽略逻辑值及文本。

使用 MAX 函数确定出每人四项成绩中的最大值，使用 MATCH 函数提取出最高分的单元格在四门课程成绩区域中的相对位置，使用 INDEX 函数根据 MATCH 函数返回的相对行列坐标提取出最高分成绩对应的课程名称。

具体操作：单击 I4 单元格，插入 INDEX 函数，如图 3-113 所示。

对 INDEX 函数进行参数设置，如图 3-114 所示。

“Array”参数选择最终要提取的四门课名称单元格区域：$C$3:$F$3。

“Row_num”参数输入要返回值的行序号：1。

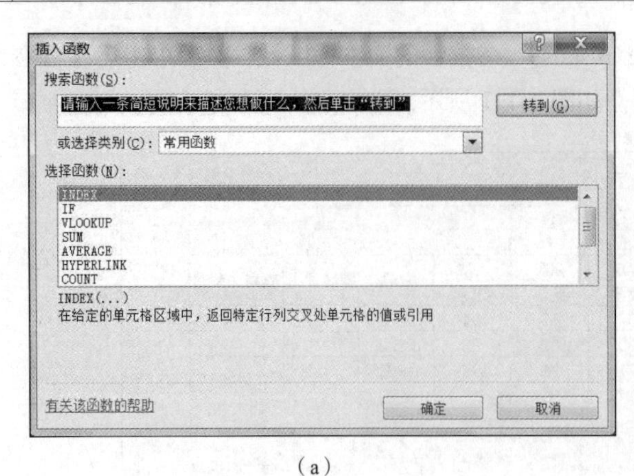

(a)

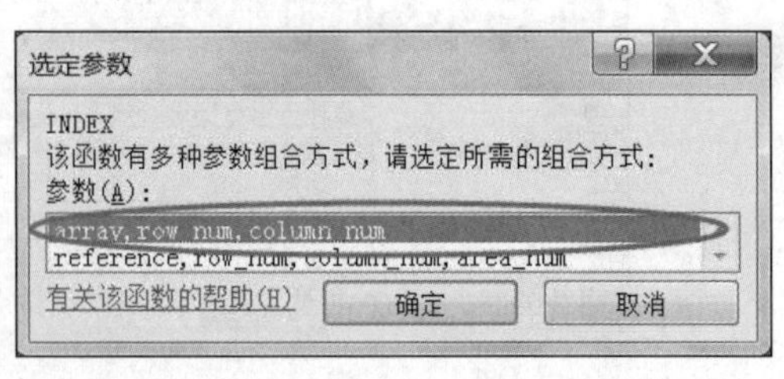

(b)

图 3-113　插入 INDEX 函数

"Column_num" 参数输入要返回值的列序号，此处我们插入 MATCH 函数来提取最高成绩在四门成绩中所处的相对列号。

单击 "Column_num" 后的文本框，单击名称框右侧下拉菜单，选择 "其他函数"。

图 3-114　INDEX 函数参数设置

如图 3-115 所示，在搜索函数处输入 "match"，单击右侧 "转到" 按钮，然后在 "选择函数" 处选择 MATCH 函数后确定，打开 MATCH 函数编辑窗口。

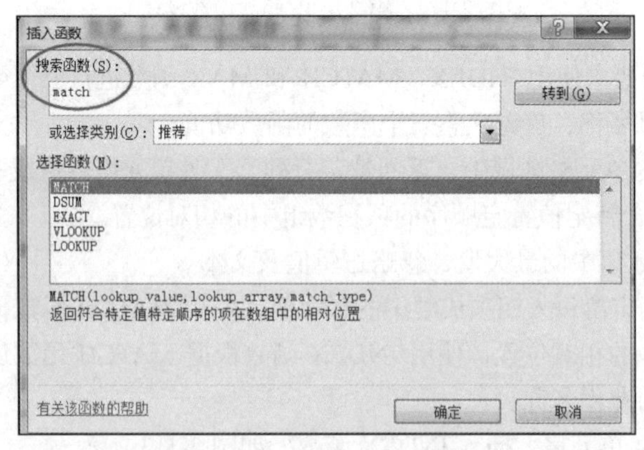

图 3-115　插入 MATCH 函数

在 MATCH 函数编辑窗口对各参数进行设置，如图 3-116 所示。

"Lookup_value" 参数处插入 MAX 函数，如图 3-116 和图 3-117 所示。

“Lookup_array”参数设置为：C4:F4。

“Match_type”参数输入：0。

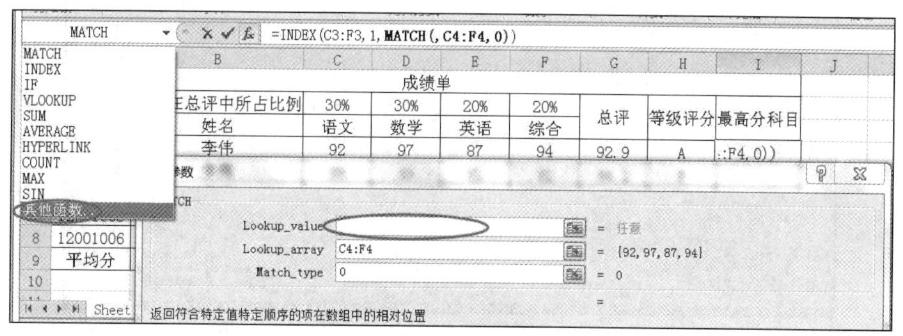

图 3-116　MATCH 函数参数设置

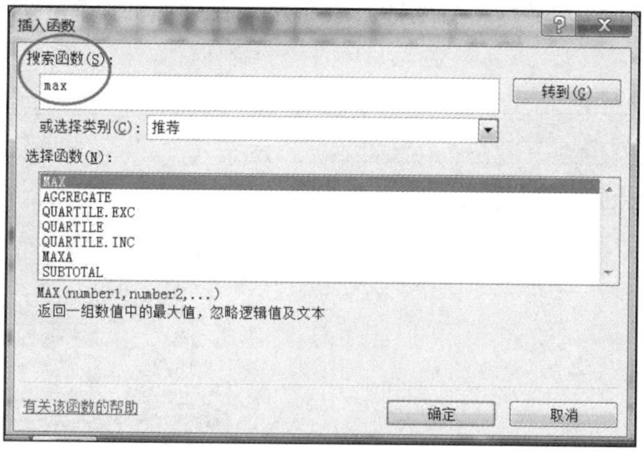

图 3-117　插入 MAX 函数

MAX 函数参数设置如图 3-118 所示。

“Number1”参数设置为：C4:F4，设置后单击“确定”按钮完成三函数的复合设置，最后使用填充柄下拉填充剩余人的最高分数课程名称。

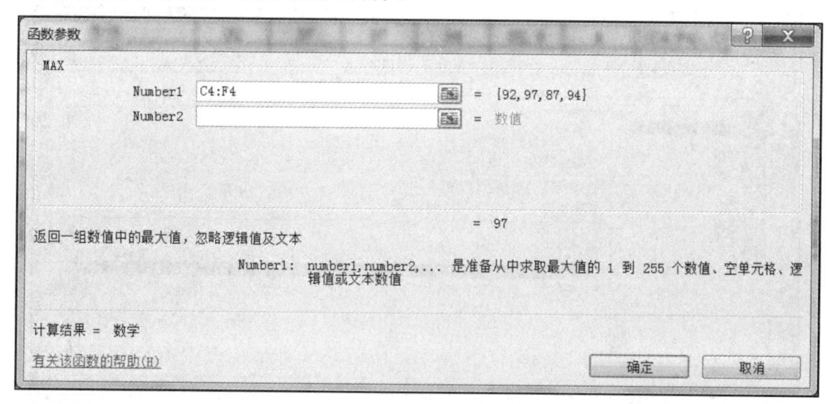

图 3-118　MAX 函数参数设置

步骤 5：按照题目要求使用 AVERAGE 函数计算各科成绩的平均分，单击 C9 单元格，插入 AVERAGE 函数，如图 3-119 所示对函数进行参数设置。

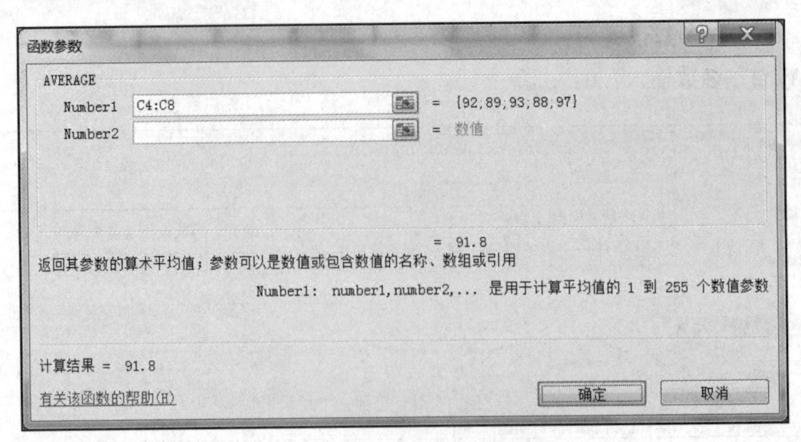

图 3-119　AVERAGE 参数设置

最后选择 C9:F9 单元格区域，然后鼠标右键单击，在弹出的菜单中选择“设置单元格格式”，如图 3-120 所示。

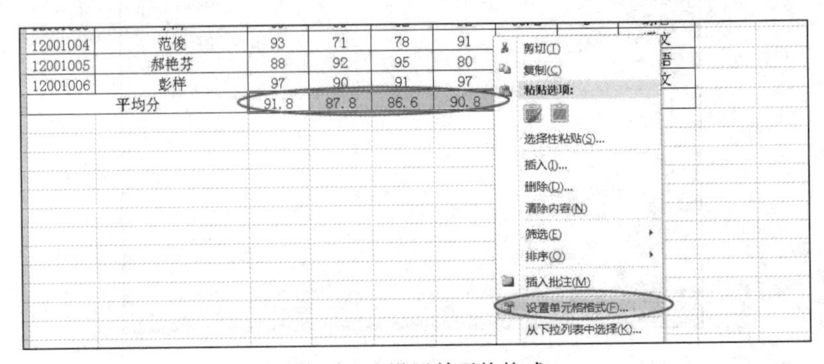

图 3-120　设置单元格格式

在打开的“设置单元格格式”窗口中，左侧“分类”项选择“数值”，在数值项中设置“小数位数”为 1，单击“确定”按钮完成设置，如图 3-121 所示。

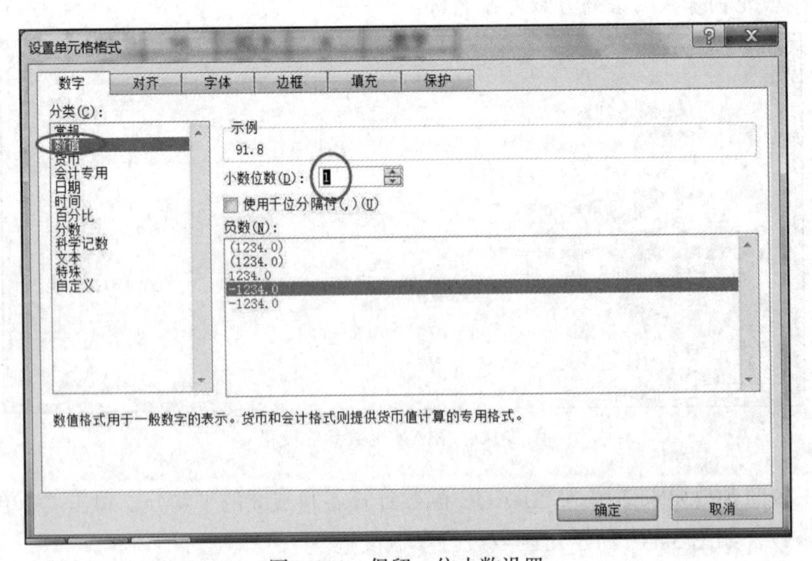

图 3-121　保留一位小数设置

题目最终参考样例如图 3-122 所示。

	A	B	C	D	E	F	G	H	I	J
1	成绩单									
2	学号	各科在总评中所占比例	30%	30%	20%	20%	总评	等级评分	最高分科目	
3	12001001	姓名	语文	数学	英语	综合				
4	12001002	李伟	92	97	87	94	92.9	A	数学	
5	12001003	李辉	89	89	82	92	88.2	B	综合	
6	12001004	范俊	93	71	78	91	83	C	语文	
7	12001005	郝艳芬	88	92	95	80	89	B	英语	
8	12001006	彭祥	97	90	91	97	93.7	A	语文	
9	平均分		91.8	87.8	86.6	90.8				
10										

图 3-122　最终样例

任务二　综合练习 2

任务描述

现有图 3-123 所示的歌唱比赛评分表，请按下列要求对表格进行设置，使之能迅速且客观地得出最终结果。

（1）在相应单元格内用 MAX 函数计算每名选手最高分，计算结果保留一位小数。

（2）在相应单元格内用 MIN 函数计算每名选手最低分，计算结果保留一位小数。

（3）在相应单元格内用 SUM 函数计算每名选手最终分数，最终分数=（6 位评委的分数之和-最高分-最低分）/4，计算结果保留一位小数。

（4）根据最终分数，在相应单元格内用 RANK 函数计算每名选手的名次。

	A	B	C	D	E	F	G	H	I	J	K
1	歌唱比赛评分表										
2	编号	评委						最高分	最低分	最终分数	名次
3		1	2	3	4	5	6				
4	10001	9.0	8.8	8.9	8.4	8.2	8.9				
5	10002	5.8	6.8	5.9	6.0	6.9	6.4				
6	10003	8.0	7.5	7.3	7.4	7.9	8.0				
7	10004	8.6	8.2	8.9	9.0	7.9	8.5				
8	10005	8.2	8.1	8.8	8.9	8.4	8.5				
9	10006	9.6	9.5	9.4	8.9	8.9	9.5				
10	10007	9.2	9.0	8.7	8.3	9.0	9.1				
11	10008	8.8	8.6	8.9	8.8	9.0	8.4				
12	10009	5.8	6.2	5.7	6.0	5.7	5.8				

图 3-123　歌唱比赛评分表

操作步骤

步骤 1：选择 H4 单元格，插入 MAX 函数，计算出 6 个评委的最高分数，如图 3-124 所示，然后下拉填充算出其余选手的最高分数。

步骤 2：选择 I4 单元格，插入 MIN 函数计算出 6 个评委的最低分数，如图 3-125 所示，然后下拉填充算出其余选手的最低分数。

步骤 3：选择 J4 单元格，在编辑区输入“=(SUM(B4:G4)-H4-I4)/4”计算出最终分数，如图 3-126 所示，然后下拉填充算出其余选手的最终分数。

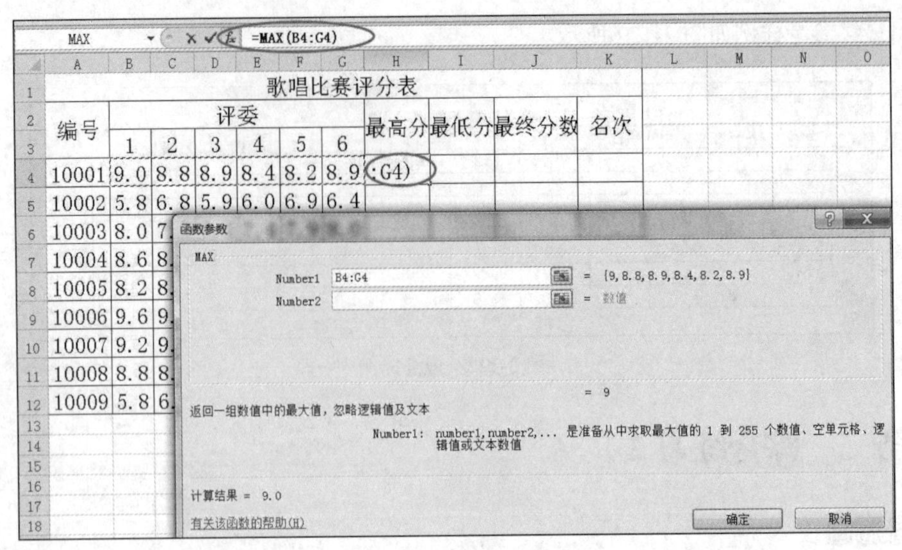

图 3-124　MAX 函数计算最高分

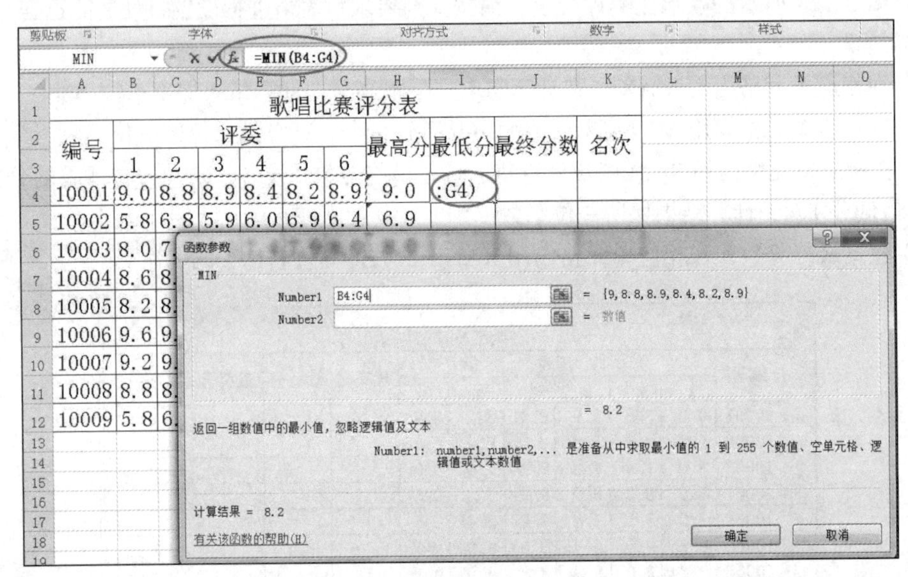

图 3-125　MIN 函数计算最低分

MIN　=(sum(B4:G4)-H4-I4)/4

	A	B	C	D	E	F	G	H	I	J	K
1	歌唱比赛评分表										
2	编号	评委						最高分	最低分	最终分数	名次
3		1	2	3	4	5	6				
4	10001	9.0	8.8	8.9	8.4	8.2	8.9	9.0	8.2	-I4)/4	
5	10002	5.8	6.8	5.9	6.0	6.9	6.4	6.9	5.8		
6	10003	8.0	7.5	7.3	7.4	7.9	8.0	8.0	7.3		

图 3-126　计算最终分数

步骤 4：选择 K4 单元格，使用 RANK 函数计算出名次，RANK 函数参数设置如图 3-127 所示，然后下拉填充算出其余选手的名次。

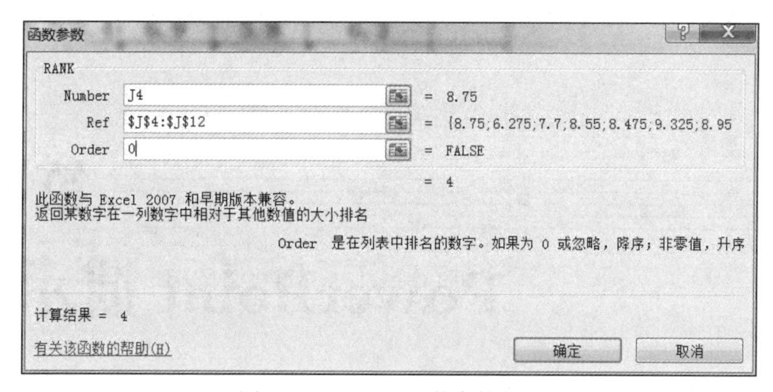

图 3-127　RANK 函数参数设置

歌唱比赛评分表最终完成结果参考样例如图 3-128 所示。

	A	B	C	D	E	F	G	H	I	J	K
1	歌唱比赛评分表										
2	编号	评委						最高分	最低分	最终分数	名次
3		1	2	3	4	5	6				
4	10001	9.0	8.8	8.9	8.4	8.2	8.9	9.0	8.2	8.8	4
5	10002	5.8	6.8	5.9	6.0	6.9	6.4	6.9	5.8	6.3	8
6	10003	8.0	7.5	7.3	7.4	7.9	8.0	8.0	7.3	7.7	7
7	10004	8.6	8.2	8.9	9.0	7.9	8.5	9.0	7.9	8.6	5
8	10005	8.2	8.1	8.8	8.9	8.4	8.5	8.9	8.1	8.5	6
9	10006	9.6	9.5	9.4	8.9	8.9	9.5	9.6	8.9	9.3	1
10	10007	9.2	9.0	8.7	8.3	9.0	9.1	9.2	8.3	9.0	2
11	10008	8.8	8.6	8.9	8.8	9.0	8.4	9.0	8.4	8.8	3
12	10009	5.8	6.2	5.7	6.0	5.7	5.8	6.2	5.7	5.8	9

图 3-128　最终结果参考样例

第4章 PowerPoint演示文稿

本章概要

PowerPoint是微软公司推出的图形展示软件包，是一款能够制作集文字、图形、图表、声音和视频于一体的多媒体演示软件。它广泛应用于新产品演示、公司介绍、现场报告及学校的多媒体课堂等场合，可以很方便地制作出色彩艳丽、造型优美的画面来形象化地表达演讲者的观点和演讲的内容。这些画面即为组成“演示文稿”的“幻灯片”，它不仅可以在计算机上播放，还可以在Internet上发布和展示。

本章通过对PowerPoint的实际操作，使学生能系统完成演示文稿制作的完整步骤。通过4个实验，学生应掌握如下内容。

（1）演示文稿的建立、编辑与排版的基本操作。

（2）在幻灯片中插入图片、表格、音频和视频的方法。

（3）了解母版、配色方案和模板，能使用幻灯片母版，更改配色方案，选择编辑模板。

（4）更改幻灯片母版、版式、主题和背景的方法。

（5）幻灯片切换及动画效果制作、播放效果的设置、演示文稿的放映。

（6）将演示文稿保存成视频文件。

实验1　素材及动画设置1

按照题目要求用PowerPoint制作演示文稿，用PowerPoint的保存功能存盘。

资料一：嫦娥工程。

中国的月球探测工程又称为“嫦娥工程”。工程规划分为三期，简称为“绕、落、回”。

绕：2004—2007年（一期）研制和发射我国首颗月球探测卫星，实施绕月探测。

落：2013年前后（二期）进行首次月球软着陆和自动巡视勘测。

回：2020年前（三期）进行首次月球样品自动取样返回探测。

资料二：绕月探测工程五大系统。

2007年，中国将以一种前所未有的激情派“使者”出访月亮，“使者”是与一位与月宫仙女同名的新星——嫦娥一号，出发点是有“月亮女儿”美誉的西昌发射场。托举她的是中国航天人精心挑选的“大力士”——长征三号甲运载火箭，护驾的还有为中国载人航天工程立下赫赫战功的航天测控网和国家天文台的观天“巨眼”。在北京一座布满计算机的“宫殿”里，人们将会收到“嫦娥一号”送回的探测数据。所有这些共同组成了“嫦娥一号”出访月亮的“团队”——绕月探测工程五大系统。

任务描述

（1）第一页演示文稿：用资料一内容。
（2）第二页演示文稿：用资料二内容。
（3）演示文稿的模板、动画等自行选择。
（4）自行设置每页演示文稿的动画效果。
（5）制作完成的演示文稿整体美观，符合要求。

操作步骤

（1）为演示文稿选定模版。分别根据第一页和第二页内容来确定其模版，确定模版时，使用“格式”菜单下的“幻灯片版式”命令，在弹出的对话框中选择合适的版式。然后还可以通过“格式”菜单下的“幻灯片设计”命令，在弹出的对话框中选择合适的设置模版。

（2）对演示文稿的文字内容进行设置。应用“格式”菜单下的“字体”命令，对第一页演示文稿和第二页演示文稿中文字的字体、颜色及大小等属性进行相应的设置。

（3）对每页演示文稿的动画效果进行设置。“动画”→打开“高级动画”组中的“动画窗格”→在右侧的“动画窗格”中打开对应对象的“效果选项”，在弹出的对话框中对第一页演示文稿和第二页演示文稿中的图片或文字进行动画设置。

（4）根据题目给出的要求，我们可以看出完成的演示文稿不仅要美观，而且还要符合所给的环境，因此在制作演示文稿时可以根据所给的环境来确定各个元素的大小、颜色、背景及动画效果等。

实验 2　素材及动画设置 2

按照题目要求用 PowerPoint 制作演示文稿，用 PowerPoint 的保存功能直接存盘。

资料一：中国语言文字。

我国是多民族聚居的国家。到目前为止，已经确定了 56 个民族。在 55 个少数民族中，一个民族说一种语言的比较多，有的民族说两种或两种以上的语言。据统计，我国少数民族语言的数目在 70 种以上。在 56 个民族中，汉、回、满三个民族通用汉文。1949 年以前，已使用文字的民族有 21 个，文字 24 种。1949 年后，国家又给 12 个民族创制了以拉丁字母为基础的拼音文字。我国各民族现行文字共有 50 多种。

资料二：汉语。

汉语是我国使用人数最多的语言，也是世界上使用人数最多的语言，是联合国六种正式工作语言之一。汉语是我国汉民族的共同语，我国除占总人口 91.59%的汉族使用汉语外，有些少数民族也转用或兼用汉语。现代汉语有标准语（普通话）和方言之分。普通话以北京语音为标准音，以北方话为基础方言，以典范的现代白话文作为语法规范。2000 年 10 月 31 日颁布的《中华人民共和国国家通用语言文字法》确定普通话为国家通用语言。

任务描述

（1）演示文稿第一页：用资料一内容，字体、字号和颜色自行选择。

（2）演示文稿第二页：用资料二内容，字体、字号和颜色自行选择。

（3）自行选择幻灯片设计模板，并在幻灯片放映时有自定义动画的效果。

（4）幻灯片放映时幻灯片切换有美观的效果。

（5）制作完成的演示文稿整体美观。

操作步骤

（1）选择合适的幻灯片设计模版。使用“格式”菜单下的“幻灯片设计”命令，在弹出的任务窗口中选择演示文稿一和演示文稿二的设计模版。

（2）对演示文稿的文字内容进行设置。使用“格式”菜单下的“字体”命令，对第一页演示文稿和第二页演示文稿中文字的字体、字号及颜色等属性进行相应的设置。

（3）设置幻灯片放映时的动画效果。“动画”→打开高级动画组中的“动画窗格”→在右侧的“动画窗格”中打开对应对象的“效果选项”，在弹出的对话框中对第一页演示文稿和第二页演示文稿中的图片或文字进行动画设置。

（4）设置幻灯片切换时的美观效果。使用“切换”命令，在弹出的下拉列表中选择幻灯片切换时需要的美观效果。

（5）合理调节演示文稿中各元素的大小、颜色、背景、动画效果及幻灯片切换效果等，是整个演示文稿看起来美观、得体。

实验 3　综合练习 1

任务描述

制作图 4-1 所示的演示文稿。

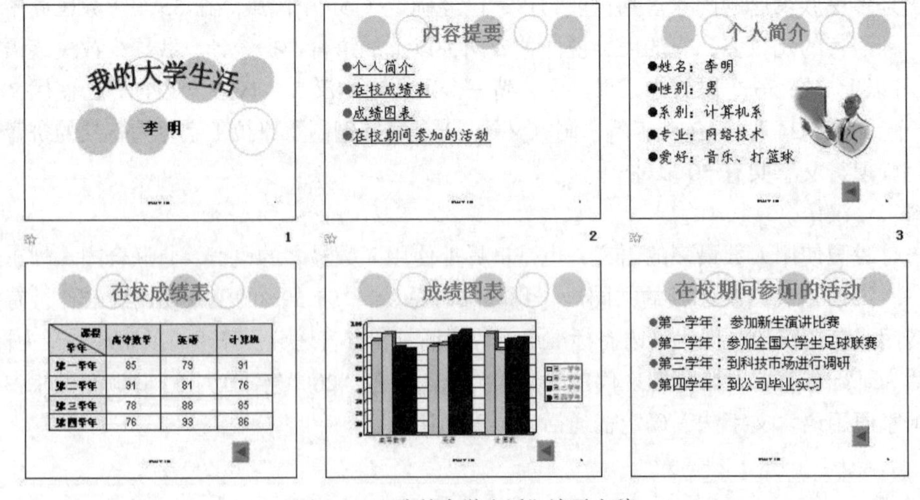

图 4-1　“我的大学生活”演示文稿

操作步骤

（1）启动 PowerPoint 程序

选择“开始”→“程序”→“Microsoft Office”→“Microsoft Office PowerPoint 2010”命令，即可打开 PowerPoint 编辑窗口。

（2）新建演示文稿

① 选择“文件”→“新建”命令，在窗口右侧的任务窗格中选择“主题”选项，在列表中随机选择主题。

② 在窗口左侧的“大纲”窗格选中第一张幻灯片后，按 Enter 键可以依次产生 5 张新的幻灯片。

（3）编辑第 1 张幻灯片（包含有艺术字、页脚、幻灯片编号）

① 选择“插入”→“文本”→“艺术字”命令，选择一种艺术字样式，并编辑内容“我的大学生活”。

② 在副标题占位符中输入姓名“李明”。

③ 单击“插入”→“文本”→“幻灯片编号”命令，在对话框（见图 4-2）中设置幻灯片编号和页脚信息。

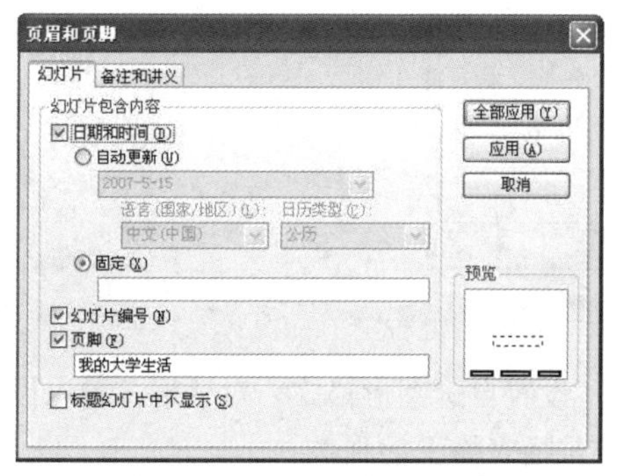

图 4-2　“页眉和页脚”对话框

（4）编辑第 2 张幻灯片（包含项目符号、超级链接）

① 输入标题，字体设置为宋体、54 号字、加粗、红色。在下方占位符中选定项目符号，在快捷菜单中选择“项目符号和编号”命令，在对话框中可以设置项目符号的颜色等。

② 输入项目内容，字体设置为楷体、40 号。

③ 选定第一个项目内容，单击“插入”→“链接”→“超链接”命令，弹出对话框（见图 4-3）。

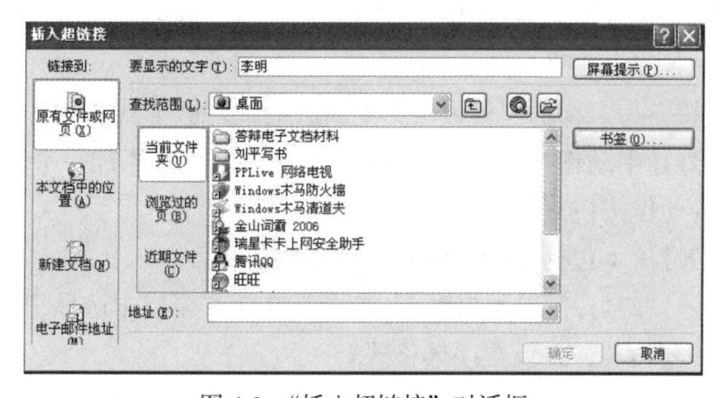

图 4-3　“插入超链接”对话框

④ 单击“书签”按钮，弹出对话框（见图 4-4），选择“幻灯片 3”，即创建了一个由“个人简介”到第 3 张幻灯片的超级链接。

⑤ 参照上述步骤，依次创建第 2 张幻灯片中其余几个项目到第 4、5、6 张幻灯片的超级链接。

（5）编辑第 3 张幻灯片（包括标题、项目符号、剪贴画、动作按钮）

① 输入标题和项目内容，并设置字体格式（同第 2 张幻灯片）。

② 选择“插入”→“图像”→“剪贴画”命令，在“剪贴画”任务窗格中搜索“学校”，在搜索结果随机选择一张剪贴画。

③ 选择“插入”→“形状”→“动作按钮”命令，在按钮列表中选择“后退”类型，然后在幻灯片的合适位置拖动鼠标，即出现了一个动作按钮，同时弹出对话框（见图 4-5），设置动作为超级链接到第 2 张“内容提要”幻灯片。

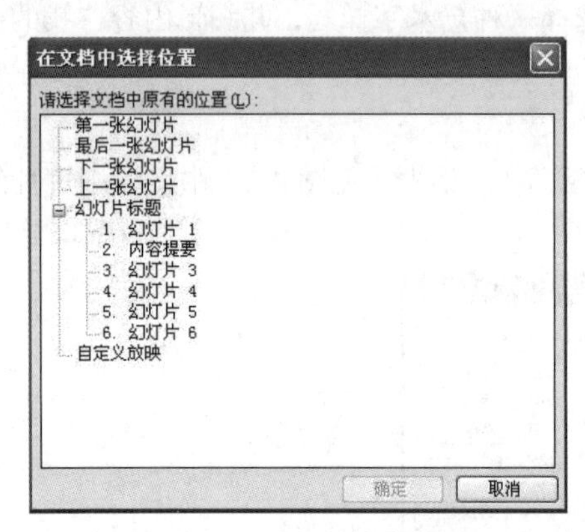

图 4-4 选择链接位置

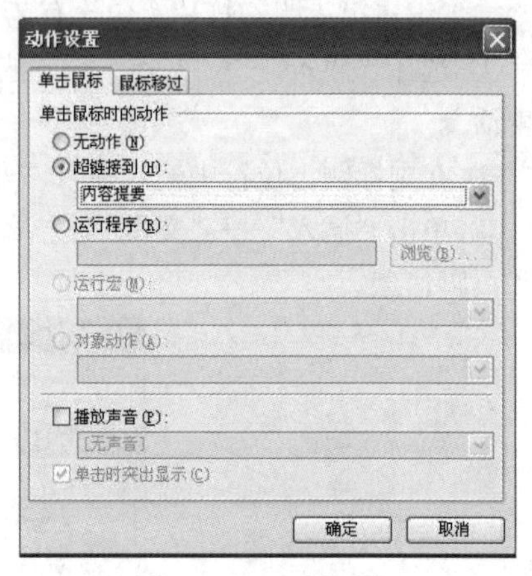

图 4-5 按钮动作设置

④ 双击动作按钮，打开“设置自选图形格式”对话框，可以设置按钮的颜色等。

（6）编辑第 4 张幻灯片（包括表格、动画）

① 选择“开始”→“幻灯片”→“版式”命令，在任务窗格中选择“标题和内容”版式。

② 输入标题“在校成绩表”，并设置字体格式。

③ 在内容占位符选择“插入表格”按钮，在弹出的对话框中设置为 5 行、4 列，创建表格。

④ 在“表格工具”工具栏“设计”中单击“绘制表格”按钮，然后在表格左上角的单元格内画斜线，输入表头和其他单元格的内容。

⑤ 单击“布局”中的“排列”组中的“对齐”命令，选择“左右居中”，使单元格居中对齐。

⑥ 选择表格占位符，为表格的出现设置一个进入时的动画形式。

⑦ 参照第 3 张幻灯片中动作按钮的操作方法，为此张幻灯片添加一个同样的按钮。也可以直接将第 3 张幻灯片中的动作按钮复制过来。

（7）编辑第 5 张幻灯片（包括标题、图表、动作按钮）

① 选择“开始”→“幻灯片”→“版式”命令，在任务窗格中选择“标题和内容”版式。

② 输入标题“成绩图表”，并设置字体格式。

③ 在内容占位符选择“插入图表”按钮，出现一个图表模板和数据表，更改数据表中的数

据，使其与第 4 张幻灯片表格中的数据一致，然后关闭数据表。

④ 参照以前的方法为此张幻灯片添加动作按钮。

（8）编辑第 6 张幻灯片（包括标题、项目清单、动画、动作按钮）

① 输入标题和项目内容，并设置字体的格式。

② 选定第一项内容，设置进入动画效果。

③ 用同样的方法为以下几项内容设置进入动画效果。

④ 在幻灯片右下角添加动作按钮，使其能链接返回到第 2 张幻灯片。

（9）为演示文稿中的幻灯片设置切换方式

选择“切换”选项卡→下拉列表中随机选择切换效果，设置声音为“无声音”效果，单击“应用于所有幻灯片”按钮。

（10）保存演示文稿

选择“文件”→“保存”命令，将演示文稿命名为“my.pptx”保存。

实验 4　综合练习 2

任务描述

（1）PPT 总页数不少于 8 页，能清晰地表达作者创作它所要传递的含义。

（2）能够运用模板或创建主题。

（3）在第 2 页中运用超链接与后面的对应页相链接。

（4）整个演示文稿中的各页要包含至少 3 种以上不同版式。

（5）整个演示文稿中至少要插入 1 幅图片（并进行美化）、1 个音频文件（能跨页播放）、1 个 SmartArt 图形（样式任选）、3 个形状（任选）。

（6）整个演示文稿中至少要有 3 种以上不同的动画。

（7）整个演示文稿中的各页要有不同的切换效果。

（8）录制并保留“排练计时”（总长不超过 1 分钟），然后在“幻灯片放映”选项卡“设置幻灯片放映”，切换三种不同的放映方式，观察其特点与区别。

（9）将该演示文稿保存成视频文件（文件→保存并发送→创建视频，注意选择为“便携式设备”+“使用录制的计时和旁白”），然后将文件重命名为自己的学号。

操作步骤

（1）解压缩 RAR 文件压缩包“ppt 实验 1.rar”，具体步骤略。

（2）找到文件夹下的“计算机系统分类.potx”文件，观察该文件是什么类型的文件；打开文件，将首页版式修改为“图片与标题”，修改方法“开始”→“幻灯片”→“版式”或者在幻灯片上单击鼠标右键，选择“版式”，如图 4-6 所示。

标题处输入“计算机系统分类”，字体设置为“华文中宋”，大小“44”“加粗”。

图片处插入图片“世界上第一台计算机.jpg”，选中该图片，在上下文选项卡“图片工具”→“格式”→“图片样式组”选择一种样式，例如“柔滑边缘矩形”，如图 4-7 所示。

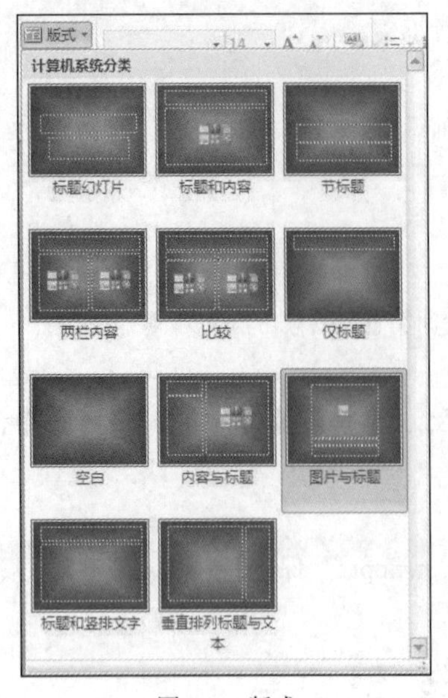

图 4-6　版式

图 4-7　图片样式

选中该图片，“动画选项卡”→“动画组”→“选择淡出”，在高级动画组打开“动画窗格”，如图 4-8 所示。

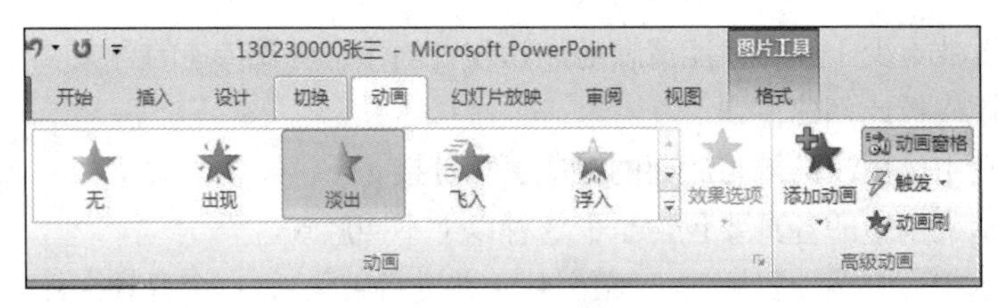

图 4-8　动画窗格

在动画窗格单击向下箭头，选择“效果”→“计时”，选择“单击时”和“非常快”，如图 4-9 所示。

插入音频文件“christine_fan-dearest_you.mp3”，选择“音频工具/播放”→“音频选项”→“开始”→“跨幻灯片播放”→“循环播放，直到停止”→“放映时隐藏”，如图 4-10 所示。

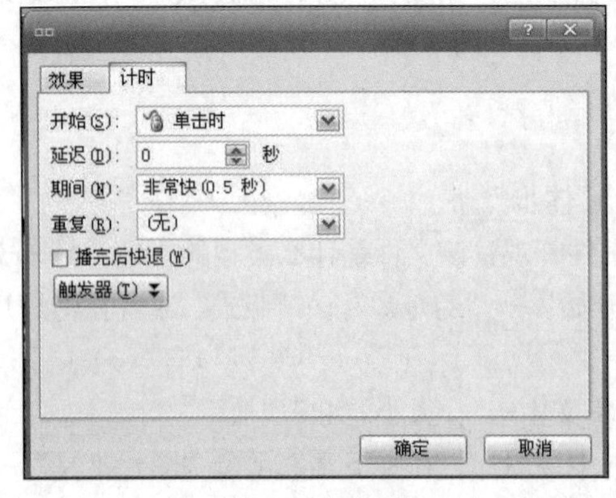

图 4-9　效果选择

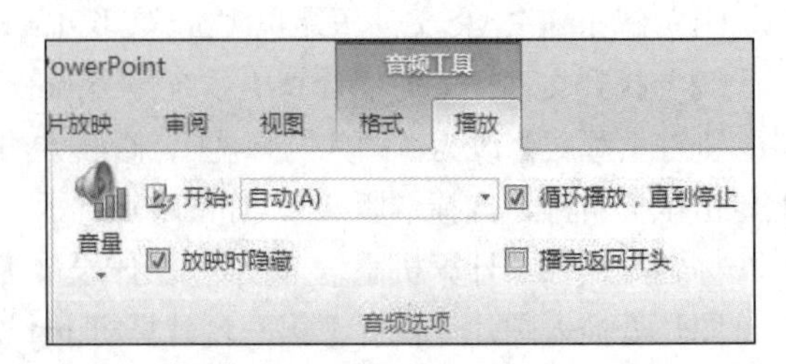

图 4-10　音频选项

（3）单击“文件”→“另存为”，存为 pptx 文件，文件名使用“学号姓名 PPT 实验.pptx”。

（4）插入新幻灯片，方法为“开始”→“新建幻灯片”，或者使用组合键 Ctrl+M，将版式修改为“空白”，如图 4-11 所示。

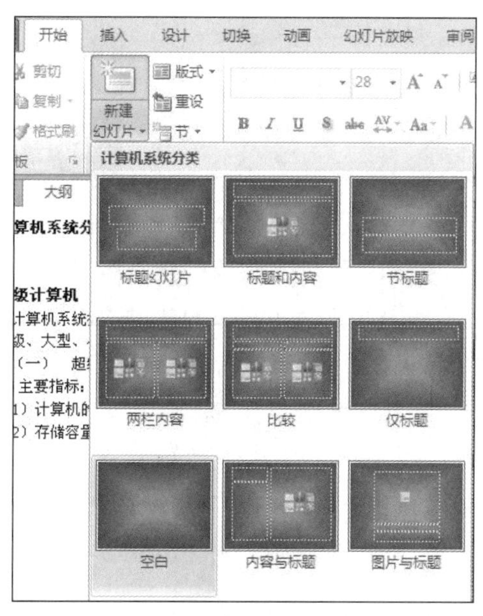

图 4-11　插入新幻灯片

插入 SmartArt 对象，“插入”→“SmartArt”，弹出“选择 SmartArt 图形对话框”，选择“层次结构”中的“水平多层层次结构”，如图 4-12 所示。

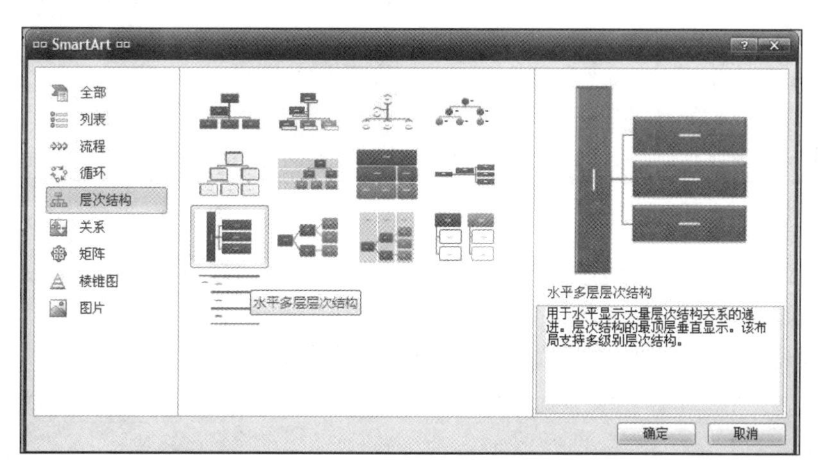

图 4-12　插入 SmartArt 对象

弹出“在此键入文字”对话框，按照图 4-13 所示输入内容，输入后单击左侧小三角收起。

（5）修改 SmartArt 样式。拉动 SmartArt 对象边框，调整增大显示面积；在“SmartArt 工具/设计”→“SmartArt 样式组”单击向下箭头，选择“砖块场景”，如图 4-14 所示。

在“更改颜色”选择“彩色→彩色范围→着色 5 至 6”，如图 4-15 所示。

选择“计算机系统分类”→“开始”→“段落”→“文字方向”→“所有文字旋转 90°”，如图 4-16 所示。

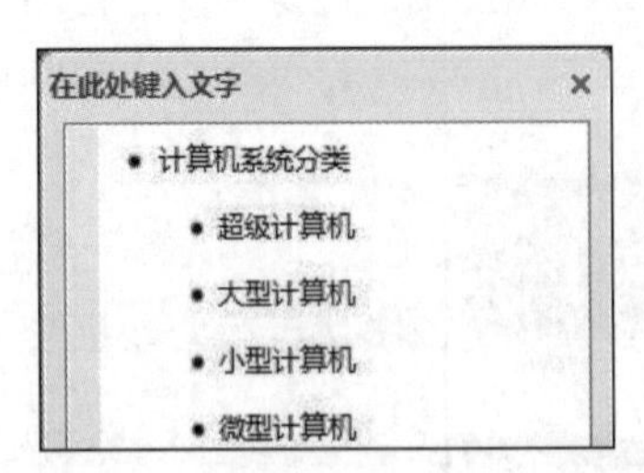

图 4-13　输入内容

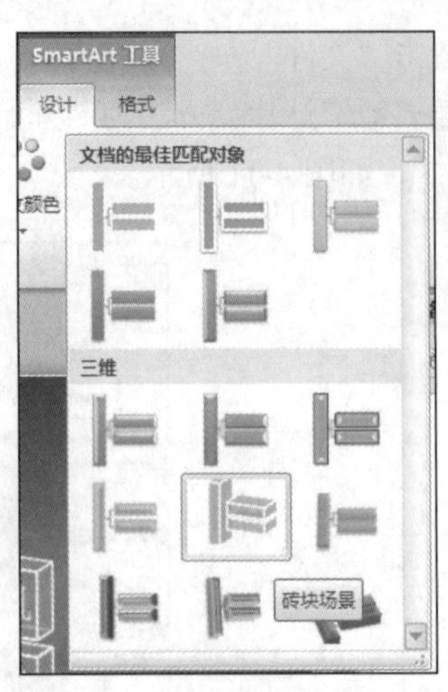

图 4-14　修改 SmartArt 样式

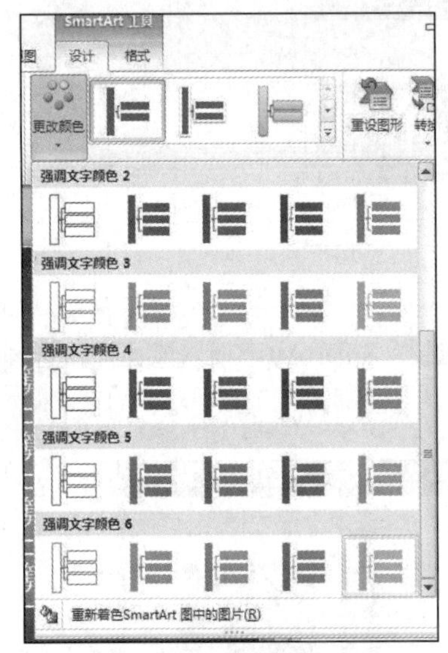

图 4-15　更改颜色

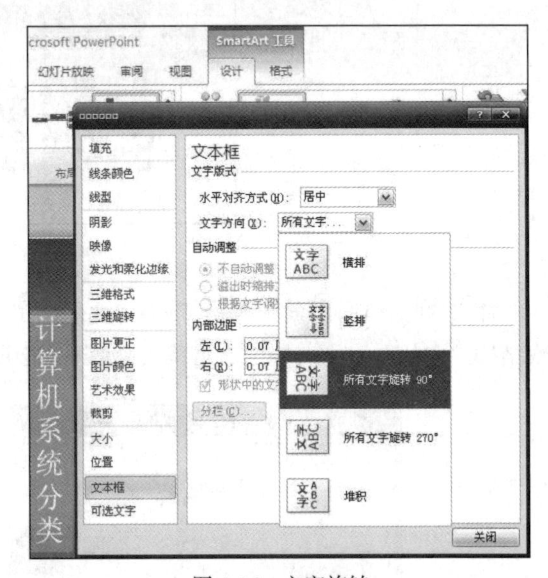

图 4-16　文字旋转

设为“华文琥珀”，调整大小合适为准，其他字体同样调整，将对象整体加入动画“随机线条”，如图 4-17 所示。

（6）新建幻灯片，版式为“两栏内容”，如图 4-18 所示。

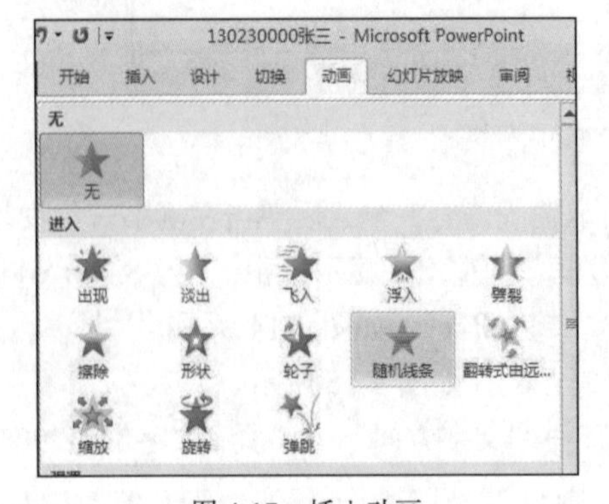

图 4-17　插入动画

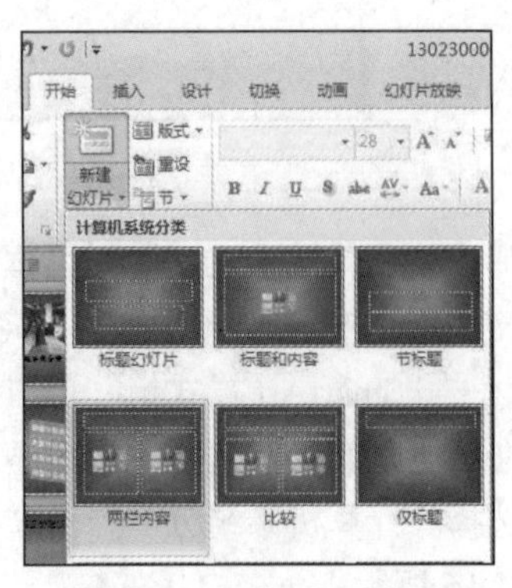

图 4-18　新建幻灯片版式

标题输入“超级计算机”，字体字号为“华文彩云，54”；左侧栏输入文档“计算机系统分类.doc”里面（一）的内容，字体大小 26。去掉（1）（2）的项目符号，注意行距设置的是 0.8，段落调整如图 4-19 所示。

图 4-19　段落

右侧栏插入图片“超级计算机.jpg”，调整大小，加入“动画”→“强调”→“跷跷板”。

（7）插入幻灯片，版式为“两栏内容”，标题输入“大型计算机”，字体字号为“华文彩云，60”；左侧栏输入文档“计算机系统分类.doc”里面（二）的内容，字体大小 26；去掉（1）（2）的项目符号；右侧栏插入图片“大型计算机.jpg”，调整大小，加入“动画”→“进入”→“旋转”。

（8）插入幻灯片，版式为“两栏内容”，标题输入“小型计算机”，字体字号为“华文彩云，54”；左侧栏输入文档“计算机系统分类.doc”里面（三）的内容，字体大小 24；去掉（1）（2）（3）的项目符号；右侧栏插入图片“小型计算机.jpg”，调整大小，加入“动画”→“进入”→“缩放”。

（9）插入幻灯片，版式为“两栏内容”，标题输入“微型计算机”，字体字号为“华文彩云，54”；左侧栏输入文档“计算机系统分类.doc”里面（四）的内容，字体大小 28；去掉（1）（2）的项目符号；右侧栏插入图片“微型计算机.jpg”，调整大小，加入“动画”→“进入”→“飞入”。

（10）回到第二张幻灯片，为每一个分类添加超链接，链接到对应的幻灯片。插入幻灯片，版式“空白”，插入艺术字“谢谢”，在“绘图工具/格式”里面自行设计艺术字格式，例如“形状样式，艺术字样式”等。

（11）最后插入幻灯片，版式选择“仅标题”，标题输入“发展趋势”，字体“华文彩云”，大小 60；左边插入竖排文本框，输入“超级计算机大型化”，字体“宋体”，大小 40；用“开始”→“绘图→直线”，按住鼠标左键在任意位置画三条线（也可用“插入”→“形状”→“线条”画直线）；再插入竖排文本框，输入“微型计算机多核化”，“动画”→“动作路径”→“循环”，设置动画效果。

（12）保存此演示文稿，将视图切换到幻灯片浏览视图，在“切换”选项卡为每一个幻灯片设置切换效果；录制并保留“排练计时”（总长不超过 1 分钟）。然后，“幻灯片放映”选项卡“设置幻灯片放映”，切换三种不同的放映方式，观察其特点与区别。

（13）将该演示文稿保存成视频文件（“文件”→“保存并发送”→“创建视频”，注意选择为“便携式设备”+“使用录制的计时和旁白”），如图 4-20 所示，再将文件重命名为自己的学号。

图 4-20　创建视频

第5章 习题集锦

习题1

1. 以下关于信息和数据的叙述中，不正确的是（　　）。

　A. 信息社会是充满数据的社会

　B. 数据是新知识的素材

　C. 信息时代的许多事物可以用数字来度量和操控

　D. 大数据指的是富含知识的大型数据文件

2. 以下关于企业信息化发展的叙述中，不正确的是（　　）。

　A. 信息的传输越来越快捷　　B. 信息化建设越来越便捷

　C. 人与人之间的沟通方式越来越多　　D. 信息资源越来越丰富

3. 随着社会信息化程度的提高，（　　）。

　A. 信息产品和服务的价格逐渐上升，信息消费在总消费中的比重逐渐上升

　B. 信息产品和服务的价格逐渐上升，信息消费在总消费中的比重逐渐下降

　C. 信息产品和服务的价格逐渐下降，信息消费在总消费中的比重逐渐上升

　D. 信息产品和服务的价格逐渐下降，信息消费在总消费中的比重逐渐下降

4. 四位二进制数（从0000到1111）中，不含连续三位相同数字的数共有（　　）个。

　A. 6　　B. 8　　C. 10　　D. 12

5. 某网点今年销售的一种商品2月份与1月份相比，价格降低了5%，而销量增加了5%，因此销售额（　　）。

　A. 略有降低　　B. 没有变化　　C. 略有增加　　D. 增加了10%

6. 甲买了3条围巾、7条布带和一条毛巾，共花了32元。乙买了同样的4条围巾、10条布带和1条毛巾，共花了43元。丙欲买同样的围巾、布带和毛巾各一条，需要（　　）元。

　A. 10　　B. 11　　C. 17　　D. 21

7. 数据收集的基本原则中不包括（　　）。

　A. 符合时间要求　　B. 符合统计结果　　C. 按计划进行　　D. 数据真实

8. 信息系统中信息的储存结构有两类：集中式存储和分布式存储。与分布式存储比较，集中式存储的优点是（　　）。

　A. 信息安全性强　　B. 系统健壮性强　　C. 网络传输量少　　D. 便于管理维护

9. 若企业今年4月份的销售额与3月份销售额相比较增加了5%，我们就说4月份销售额（　　）增加了5%。

A. 同比　　B. 环比　　C. 正比　　D. 反比

10. 联机事务处理是指利用计算机对企业日常业务活动进行处理。未来（　　）除了进行联机事务处理外，还需要对数据进行联机分析处理。

A. 提高工作效率　　B. 动态反映数据处理情况
C. 增强企业竞争力　　D. 提高数据准确度

11. 最终用户通过信息系统的（　　）使用信息系统。

A. 内核　　B. 数据库　　C. 底层功能　　D. 人机交互界面

12. 信息检索的作业不包括（　　）。

A. 获取知识的捷径　　B. 创新思维的源泉
C. 科学研究的向导　　D. 终身教育的基础

13. 信息加工后就要进行信息输出。设计信息输出时，首先要（　　）。

A. 确定需要输出的内容　　B. 决定使用的输出设备
C. 明确输出的要求　　D. 决定信息输出的形式

14. 以下关于实时系统的叙述中，不正确的是（　　）。

A. 实时系统的任务具有一定的时间约束
B. 多数实时系统绝对可靠性要求较低
C. 实时系统的正确性依赖系统计算的逻辑结果和产生这个结果的时间
D. 实时系统能对实时任务的执行时间进行判断

15. 计算机硬件的“即插即用”功能意味着（　　）。

A. 关盘插入光驱后即会自动播放其中的视频和音频
B. 外设与计算机连接后用户就能使用外设
C. 在主板上加插更多的内存条就能扩展内存
D. 计算机电源线插入电源插座后，计算机便能自动启动

16. 以下关于计算机硬件的叙述中，不正确的是（　　）。

A. 四核是指主板上安装了4块CPU芯片　　B. 主板上留有USB接口
C. 移动硬盘通过USB接口与计算机连接　　D. 内存条插在主板上

17. 以下关于喷墨打印机的叙述中，不正确的是（　　）。

A. 喷墨打印机属于击打式打印机
B. 喷墨打印机需要使用专用墨水
C. 喷墨打印机打印质量和速度低于激光打印机
D. 喷墨打印机打印质量和速度取决于打印头喷嘴数量和喷射频率

18.（　　）是一种主要基于移动终端的多功能移动通信工具，支持多人聊天、位置信息服务、视频通话、在线支付等。

A. 微信　　B. 微博　　C. 博客　　D. 播客

19.（　　）用黑白矩形图案表示二进制数据，用手机扫描后可获取包括图像的相关信息。

A. 条形码　　B. 二维码　　C. Flash 动画　　D. 数字化图形

20. 软件升级或者更新的类型不包括（　　）。

A. 安装新版本软件，增加新功能，提高性能
B. 安装补丁，替代已安装软件中的部分代码
C. 安装服务包，解决发现的错误和处理漏洞

D. 安装插件，增添模板及工具箱中的工具等

21. 以下关于计算机维护的叙述中，不正确的是（　　）。

A. 许多部件会产生热量，温度过高会导致部件和芯片老化

B. 多数台式计算机的电源上安装了散热风扇

C. 需要定期清除风扇上的灰尘和污垢

D. 需要定期用喷雾清洁剂直接对机箱内和屏幕进行清洗

22. 为将报纸上一篇文章输入计算机以便做文摘，可以（　　）。

A. 用数码相机拍照，再将文件传输到计算机

B. 用数字化仪将文章输入计算机形成文件

C. 用扫描仪将该文章扫描形成磁盘文件保存

D. 用扫描仪进行扫描，再用软件做文字识别

23. 容灾的目的是（　　）。

A. 数据备份　　B. 保持信息系统持续运行的能力

C. 规范数据使用　　D. 防范信息系统漏洞

24. 关于计算机操作系统的引导，以下叙述中，不正确的是（　　）。

A. 计算机的引导程序驻留在 ROM 中，开机后便自动执行

B. 引导程序先做关键部件的自检，并识别已连接的外设

C. 引导程序会将硬盘中存储的操作系统全部加载到内存

D. 若计算机中安装了双系统，引导程序会与用户交互加载有关系统

25. 以下关于操作系统中回收站的叙述中，不正确的是（　　）。

A. 回收站是操作系统自动建立的一个磁盘文件夹

B. 回收站中的文件不能直接双击打开

C. 用户修改回收站的属性可调整其空间大小

D. 操作系统将自动对回收站中的文件进行分析，挖掘出有价值的信息

26. PDF 格式和 RM 格式的文件可以分别用软件（　　）打开。

A. Acrobat Reader 和 Real Media Player

B. MS Word 和 Flash

C. MS Excel 和 3D Max

D. Photoshop 和 CorelDraw

27. 在 Windows 7 中（　　）可以让用户方便快捷地查看笔记本电脑的电池用量、调节笔记本计算机的屏幕亮度、打开或关闭无线网卡等。

A. Windows 移动中心　　B. 设备管理器

C. 屏幕显示管理　　D. 账户管理

28. 在 Windows 7 中，下列关于屏幕显示管理的叙述中，不正确的是（　　）。

A. Windows 7 系统能帮助用户为显示器选择标准的分辨率设置

B. 显示器的刷新频率固定为 60Hz，不能进行更改

C. 校准显示器的颜色可以确保屏幕呈现相对正确的色彩

D. 可以对显示的文本大小进行单独调节，不需要通过减低显示器分辨率来增大文本的显示尺寸

29. Windows 7 中，下列关于“操作中心”的叙述中，不正确的是（　　）。

A. “操作中心”能对系统安全防护组件的运行状态进行跟踪监控

B. “操作中心”比过去的“安全中心”增加了维护功能，可对运行状态进行监控

C. “操作中心”对消息提示方式进行了改进，使其更加人性化

D. “操作中心”不能关闭 Windows 7 自带的防护墙程序

30. 用网址 http：//www.rkb.gov.cn/浏览网页时采用的网络协议是（　　）。

A. HTTP　　B. FTP　　C. WWW　　D. HTTPS

31. 下列关于 TCP/IP 协议的叙述中，不正确的是（　　）。

A. 地址解析协议 ARP/RARP 属于应用层

B. TCP、UDP 协议都要通过 IP 协议来发送、接收数据

C. UDP 协议提供简单的无连接服务

D. TCP 协议提供可靠的面向连接服务

32. 下列关于有损压缩和无损压缩的叙述中，不正确的是（　　）。

A. 无损压缩的压缩率不高

B. 有损压缩是一种可逆压缩方式

C. BMP 属于无损图像压缩格式

D. 有损压缩的数据还原后信息有失真

33. 以下关于 Word 文本编辑的叙述中，不正确的是（　　）。

A. 移动文本是将文本从一个位置转移到另外一个位置，属于文本的绝对移动

B. 复制文本是将该文本的副本移动到其他位置，属于文本的相对移动

C. 将光标定位在需要删除文本的结尾处，按住 Backspace 键可从前往后删除文本

D. 多次使用撤销命令可以依次撤销刚做的多次操作

34. 以下关于 Word 2007 查找和替换功能的叙述中，不正确的是（　　）。

A. 查找和替换功能除了可查找和替换文本外，还可查找和替换文本格式

B. 使用查找命令可以查找发音一致的英文单词

C. 在替换选项组中可以设置图文框格式

D. 使用查找命令时，不能忽略空格，查找结果会受到空格的影响

35. 下列关于 Word 2007 文本格式设置的叙述中，不正确的是（　　）。

A. 字号度量单位主要包括“号”与“磅”两种

B. 字体效果中的上标功能可以缩小并抬高指定的文字

C. 从横混排是将所选中的字符按照上下两排的方式进行显示

D. 除可使用系统自带的水印效果外，还可自定义图片水印和文字水印效果

36. 下列关于 Word 分栏设置的叙述中，不正确的是（　　）。

A. 文档中不能单独对某段文字进行分栏设置

B. 用户可以根据板式需求设置不同的栏宽

C. 设置栏宽时，间距值会自动随栏宽值的变动而改变

D. 分栏下的偏左命令可将文档竖排划分，且左侧的内容比右侧的少

37. Word 2007 默认的文件扩展名是（　　）。

A. dot　　B. doc　　C. docx　　D. dacx

38. 在关闭 Word 时，如果有编辑后未存盘的文档，则（　　）。

A. 系统会直接关闭

B. 系统自动弹出是否保存的提示对话框

C. 系统会自动将文档保存在桌面

D. 系统会自动将文档保存在当前文件夹中

39. 在 Word 的编辑状态下，连续进行多次“插入”操作，当单击一次“撤销”命令后，则（　　）。

A. 多次插入的内容都会被撤销

B. 第一次插入的内容会被撤销

C. 最后一次插入的内容会被撤销

D. 多次插入的内容都不会被撤销

40. 当前已打开一个 Word 文档，若再打开另一个 Word 文档，则（　　）。

A. 已打开的 Word 文档被自动关闭

B. 后打开的 Word 文档内容在先打开的 Word 文档中显示

C. 无法打开，应先关闭已打开的 Word 文档

D. 两个 Word 文档会同时打开，后打开的 Word 文档为当前文档

41. 在 Excel 中，（　　）是组成工作表的最小单位。

A. 字符　　B. 工作簿　　C. 单元格　　D. 窗口

42. 在 Excel 工作表中，第 5 列第 8 行单元格的地址表示为（　　）。

A. E8　　B. 58　　C. 85　　D. 8E

43. 在 Excel 中，下列符号属于比较运算符的是（　　）。

A. &　　B.　　C. <>　　D. :

44. 在 Excel 中，若 A1、A2、B1、B2 单元格中的值分别为 100、50、30、20，在 B3 单元格中输入函数“=IF(A1<60,A2,B2)”,按回车键后，则 B3 中单元格的值为（　　）。

A. 100　　B. 50　　C. 30　　D. 20

45. 在 Excel 中，若 A1 单元格的格式为 000.00，在该单元格中输入数值 36.635，按回车键后，则 A1 单元格中的值为（　　）。

A. 36.36　　B. 36.64　　C. 036.63　　D. 036.64

46. 在 Excel 中，单元格 A1、B1 单元格中的值分别为 80、35，在 A2 单元格中输入函数“=IF(and(A1>70,B1>30),"及格","不及格")”，按回车键，则 A2 单元格中的值为（　　）。

A. 及格　　B. 不及格　　C. TRUE　　D. FALSE

47 ~ 50. 在 Excel 中，A1 到 C3 单元格中的值如下图所示：

	A	B	C
1	10	20	30
2	30	20	10
3	50	40	30

47. 在 D1 单元格中输入公式“B1+C1”，按回车键后，则 D1 单元格中的值为（　　）。

A. 20　　B. 30　　C. 40　　D. 50

48. 将 D1 单元格中的公式复制到 D2 单元格中，按回车键后，则 D2 单元格的值为（　　）。

A. 20　　B. 30　　C. 40　　D. 50

49. 在 D3 单元格中输入众数函数 "=MODE(A1:C3)"，按回车键后，则 D3 单元格中的值为（　　）。

A. 20　　B. 30　　C. 40　　D. 50

50. 在 D4 单元格中输入函数 "=SUM(A1:C3)-MIN(A1:C3)^2"，按回车键后，则 D4 单元格中值为（　　）。

A. 10　　B. 50　　C. 90　　D. 140

51. 在 Excel 中，A1 单元格中的值为 information，若在 A2 单元格中输入文本函数 "=RIGHT(A1,4)"，按回车键后，则 A2 单元格中的值为（　　）。

A. info　　B. orma　　C. tion　　D. rmat

52. 在 Excel 中，单元格 A1 中的值为 2014-5-24，若在 A2 单元格中输入日期函数"=DAY(A1)"，按回车键后，则 A2 单元格中的值为（　　）。

A. 2014-5-24　　B. 2014　　C. 5　　D. 24

53. 在 PowerPoint 中，执行插入新幻灯片的操作后，被插入的幻灯片将出现在（　　）。

A. 当前幻灯片之前　　B. 当前幻灯片之后

C. 最前　　D. 最后

54. 在 PowerPoint 中，不属于文本占位符的是（　　）。

A. 标题　　B. 副标题　　C. 图表　　D. 普通文本框

55. PowerPoint 可以通过插入（　　）来完成统计、计算等功能。

A. 图表　　B. Excel 表格　　C. 所绘制的表格　　D. Smart 图形

56. 有时 PowerPoint 中幻灯片内容充实，但是每张幻灯片中的表格和数据太多，放映时会给人非常凌乱的视觉感受，为使其能给人优美的视觉感受，合理的做法是（　　）。

A. 用动画分批展示表格和数据

B. 减小字号，重新排版，以容纳所有表格和数据

C. 制作统一的模板，保持风格一致

D. 以多种颜色和不同的背影图案展示不同的表格

57. 关系代数运算是以集合操作为基础的运算，其 5 种基本运算是并、差、（　　）、投影和选择。

A. 交　　B. 连接　　C. 逻辑运算　　D. 笛卡儿运算

58. 在一个含有教师、所在学院、性别等字段的数据库中，若要统计每个学院男女教师的人数，应使用（　　）。

A. 选择查询　　B. 操作查询　　C. 参数查询　　D. 交叉表查询

59. 在数据库处理过程中，执行语句 S=int(50*rnd)后，S 的值是（　　）。

A. [0,49]的随机整数　　B. [0,50]的随机整数

D. [1,49]的随机整数　　D. [1,50]的随机整数

60. 影响信息系统中信息安全的因素一般不包括（　　）。

A. 自然因素（自然灾害、自然损坏、环境干扰）

B. 系统崩溃（系统死锁、系统拥挤堵塞等）

C. 误操作、恶意泄露

D. 非法访问、窃取、篡改、传播计算机病毒

61. 计算机机房的环境要求中一般不包括（　　）。

A. 将温度控制在一定范围　　B. 将湿度控制在一定范围

C. 将噪声控制在一定范围　　D. 避免较大的震动和冲击

62. 电信业务经营者、互联网信息服务提供者在提供服务的过程中收集、使用用户个人信息时，应当遵循的原则不包括（　　）。

A. 合法原则　　B. 正当原则　　C. 必要原则　　D. 充分原则

63. 根据国务院 2012 年颁发的通知，节能环保、新一代信息技术、生物、高端装备制造、新能源、新材料、新能源汽车等产业列入（　　）。

A. 国民经济支柱产业　　B. 国民经济先导产业

C. 国家战略性新兴产业　　D. 国民经济基础性产业

64. 2013 年，国务院发布了《关于促进（　　）扩大内需的若干意见》的文件。这是有效拉动需求，催生新的经济增长点，促进消费升级、产业转型和民生改善的重大举措。

A. 信息消费　　B. 电子消费　　C. 信息产业　　D. 软件产业

65. 为调查居民上下班出行的交通方式，宜采用（　　）调查方法。

A. 报刊问卷　　B. 人员访问式　　C. 邮寄式问卷　　D. 网上问卷

66. 以下关于信息存储的叙述中，不正确的是（　　）。

A. 存储器单位容量的价格在不断下降，信息系统的存储量在不断膨胀

B. 对信息系统存储容量的需求越来越大

C. 信息存储最关键的问题是选择存储设备和存储介质

D. 良好的信息存储可以延长信息的寿命，提高使用效益

67. 为防止重大灾难毁灭重要数据，大型数据中心应实行（　　）制度。

A. 脱机备份　　B. 异地备份　　C. 增量备份　　D. 差异备份

68. 以下叙述中，针对应用需求，（　　）选用了不适当的信息处理方法。

A. 为便于查询检索，对数据记录按关键字进行了排序

B. 为加速信息传输，大文件传输前后进行了压缩和解压

C. 为了增强信息的抗干扰能力，对信息编制了适当的索引

D. 为提高信息的可用度，对信息进行了计算、推理和预测

69. 信息系统升级后，需要将数据从旧系统（包括手工系统）转换到新系统。以下关于数据转换的叙述中，不正确的是（　　）。

A. 数据转换工作需要用户和系统开发项目组成员的参与

B. 数据转换工作包括数据格式转换和数据载体转换等

C. 按现在的技术，数据转换可以全部由软件来自动实现

D. 为保证数据的正确性，转换后需要检查、验证和纠错

70. 数据分析处理项目完成后，一般要撰写工作总结和数据分析报告。数据分析报告中应包括（　　）。

A. 经费的使用情况

B. 项目组各成员的分工和完成情况

C. 计划进度和实际完成情况

D. 数据分析处理方法和数据分析结论

71. (　　) is especially valuable in locations where electrical connections are not available.

A. Microcomputer　　B. Minicomputer　　C. Mainframe　　D. Notebook PC

72. You computer runs more ( ) if you limit the number of open applications.

A. reliable B. slowly C. secure D. accurate

73. The insert point or ( ) show you where can enter date next.

A. icon B. cursor D. menu D. button

74. A computer ( ) allows users to exchange date quickly,access and share resources.

A. device B. network C. storage D. database

75. ( ) has become the market trend of the century.

A. E-commerce B. E-mail C. E-government D. E-journal

习题 2

1. 以下关于数据在企业中的价值的叙述中，不正确的是（ ）。

A. 数据资源是企业的核心资产

B. 数据是企业创新获得机会的源泉

C. 数据转换为信息才有价值

D. 数据必须依附存储介质才有价值

2. 以下关于企业信息化建设的叙述中，不正确的是（ ）。

A. 企业信息化建设是企业转型升级的引擎和助推器。

B. 企业对信息化与业务流程一体化的需求越来越高。

C. 企业信息化建设的成本越来越低，技术越来越简单。

D. 业务流程的不断完善与优化有利于企业信息化建设。

3. 以下关于移动互联网发展趋势的叙述中，不正确的是（ ）。

A. 移动社交将成为人们数字化生活的平台。

B. 市场对移动定位服务的需求将快速增加。

C. 手机搜索引擎将成为移动互联网发展的助推器。

D. 因安全问题频发，移动支付不会成为发展趋势。

4. 从①地开车到⑥地，按下图标明的道路和行驶方向，共有（ ）。

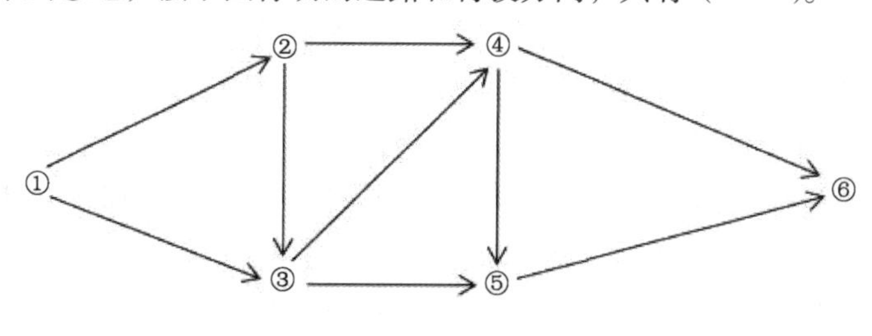

A. 6 B. 7 C. 8 D. 9

5. 某市今年公交票涨了一倍，客流下降了 20%，则营业收入估计将增加（ ）。

A. 40% B. 50% C. 60% D. 80%

6. 字符串编辑有 3 种基本操作：在指定位置插入一个字符、在指定位置删除一个字符、在指定位置用一个字符替换原来的字符。将字符串 ABCDE，编辑成 ECDFE，至少需要执行（ ）次基本操作。

A. 2 B. 3 C. 4 D. 5

7. 常用的数据收集方法一般不包括（ ）。

A. 设备自动采集　B. 数学模型计算　C. 问卷调查　D. 查阅文献

8. 数据收集后需要进行检验，检验的内容不应包括（　）。

A. 数据是否属于规划的收集范围　B. 数据是否有错

C. 数据是否可靠　D. 数据是否有利于设定的统计结果

9. 以下定性的分类变量中，（　）属于有序变量（能排序）。

A. 性别　B. 血型　C. 疾病类别　D. 药品疗效

10. 信息处理技术员的网络信息检索能力不包括（　）。

A. 了解各种信息来源，判断其可靠性、时效性、实用性

B. 了解有关信息的存储位置，估算检索所需要的时间

C. 掌握检索语言和检索方法，熟练使用检索工具

D. 能对检索效果进行判断和评价

11. 企业数据中心经常需要各有关方面提供并站线处理后的数据。以下关于数据站线的叙述中，（　）是不正确的。

A. 企业业务人员需要的是能看懂、理解，并易于使用的数据。

B. 数据分析师希望能获得所需的数据来探索数据背后的秘密。

C. 企业领导许需要的是直观的分析结果，并随需要查看有关数据。

D. 向上级领导回报的数据应绚丽多彩，反映企业的正面形象。

12. 数据图标的评价标准不包括（　）。

A. 严谨。不允许细微的错误，经得住推敲。

B. 简约。图简意赅，重点说明主要观点。

C. 美观。令人赏心悦目，印象深刻。

D. 易改。便于让用户修改、扩充、利用。

13. 数据分析报告的作用不包括（　）。

A. 展示分析结果　B. 验证分析质量

C. 论证分析方法　D. 向决策者提供参考依据

14. 对用户来说，信息系统的（　）反映了系统的功能。

A. 人机界面　B. 架构　C. 数据库　D. 数据结构

15. 某家用监控摄像头广告所列的功能中，（　）有错误。

A. 高清 10 万像素　B. 红外夜视

C. 手机、计算机远程监控　D. 7 天循环存储录像

16. 下列存储器中，存取周期最短的是（　）。

A. 内存储器　B. 光盘存储器　C. 硬盘存储器　D. U 盘存储器

17. 下列设备中，既可向计算机输入数据又能接受计算机输出数据的是（　）。

A. 打印机　B. 显示器　C. 磁盘存储器　D. 光笔

18. 以下关于计算机操作系统的叙述中，不正确的是（　）。

A. 操作系统是方便用户管理和控制计算机资源的系统软件。

B. 操作系统是计算机中最基本的系统软件。

C. 操作系统是用户与计算机硬件之间的接口。

D. 操作系统是用户与应用软件之间的接口。

19. 以下关于办公软件的叙述中，不正确的是（　）。

A. 办公软件实现了办公设备的自动化

B. 办公软件支持日常办公、无纸化办公

C. 许多办公软件支持网上办公、移动办公

D. 许多办公软件支持协同办公，是沟通、管理、协作的平台

20. 即时通信（Instant Messaging）能即时发送和接受互联网消息，是目前互联网上最为流行的通信方式。各种各样的及时通信软件层出不穷。以下关于即时通信的叙述中，不正确的是（　　）。

A. 即时通信软件允许多人在网上即时传递文字信息、语音与视频。

B. PC 即时通信正向移动客户端发展，个人即时通信已扩展到企业即时通信。

C. 商务即时通信可用于寻找客户资源，并以低成本实现商务交流。

D. 基于网页的信息交流、电子邮件等由于其非即时性正在逐步走向消失。

21. 以下选项中，除（　　）外都是计算机维护常识。

A. 热拔插设备可带电随时拔插　　B. 计算机环境应注意清洁

C. 计算机不用时最好断开电源　　D. 关机后不要立即开机

22. 以下选项中，除（　　）外都是使用计算机的不良操作习惯。

A. 大力敲击键盘　　B. 常用组合键代替鼠标操作

C. 边操作边吃喝　　D. 用完的应用没有及时关闭

23. 为使双击指定类型的文件名就能调用相应的程序来打开处理它，需要将这种文件类型与相应的程序建立文件（　　）。

A. 匹配　　B. 关联　　C. 链接　　D. 对照

24. 计算机操作人员对于软件响应性的要求不包括（　　）。

A. 软件响应任何一次用户操作的时间不要超过 3 秒。

B. 软件应立即让用户知道已经接受了按键或鼠标操作。

C. 对较长时间的操作，软件应估算并显示操作进度。

D. 一般情况下，软件应允许用户在等待时间期间做其他操作。

25. 触摸屏的手指操作方式不包括（　　）。

A. 长按　　B. 右键单击　　C. 缩放　　D. 点滑

26. 应用程序在运行时如果需要用户输入信息，通常会弹出（　　）。用户可以在其中按照提示作出选择或者输入信息。

A. 信息框　　B. 对话框　　C. 组合框　　D. 文本框

27.（　　）不属于移动终端设备

A. 智能手机　　B. 平板电脑　　C. 无绳电话机　　D. 可穿戴设备

28. 人们可以在搜索引擎中输入（　　）在互联网上搜索所需的信息。

A. 关键词　　B. 文件后缀名　　C. 文件类型　　D. 文件大小

29. 物联网依靠（　　）感知环境信息。

A. 传感器　　B. 触摸屏　　C. 操纵杆　　D. 调制解调器

30. Windows 7 的所有操作都可以从（　　）。

A. “资源管理器”开始　　B. “计算机”开始

C. “开始”按钮开始　　D. “桌面”开始

31. 在 Windows 7 中，若删除桌面上某个应用程序的快捷方式图标，则（　　）。

A. 该应用程序被删除　　B. 该应用程序不能正常运行
C. 该应用程序被放入回收站　　D. 该应用程序快捷方式图标可以重建

32. 在 Word 2007 编辑状态下，对于选定的文字不能进行的设置是（　　）。
A. 加下划线　　B. 加着重号　　C. 添加效果　　D. 对称缩进

33. 在 Word 2007 编辑状态下，要打印文稿的第 1 页、第 3 页和第 6、7、8 页，可在打印页码范围中输入（　　）。
A. 1,3-8　　B. 1,3,6-8　　C. 1-3,6-8　　D. 1-3,6,7,8

34. 在 Word 2007 编辑状态下，将表格的 3 个单元格合并，（　　）。
A. 只显示第一个单元格的内容　　B. 3 个单元格的内容都不显示
C. 3 个单元格中的内容都显示　　D. 只显示最后一个单元格中的内容

35. 下列关于 Word 2007 的叙述中，正确的是（　　）。
A. 可以通过添加不可见的数字签名来确保文档的完整性
B. 可以将编辑完成的文档内容直接发不到微信中
C. 限制权限可以限制用户复制，编辑文本，但不能限制用户打印文本
D. 将 Word 2007 编辑的文档另存为 Word 文档后，可用 Word 2003 直接打开

36. 在 Word 的编辑状态下，连续执行三次“插入”操作，再单击一次“取消”命令后，则（　　）。
A. 第一次插入的内容被取消　　B. 第二次插入的内容被取消
C. 第三次插入的内容被取消　　D. 三次插入的内容都被取消

37. 在 Word 2007 的编辑状态下，删除一个段落标记后，前后两端文字会合并成为一个段落，其中，文字字体（　　）。
A. 均变为系统默认格式　　B. 均变为合并前第一段字体格式
C. 均变为合并前第二段字体格式　　D. 均保持与合并前一致，不发生变化

38. 在 Word 2007 的编辑状态下，打开一个 K.docx 文档，编辑完成后执行“保存”操作，则（　　）。
A. 编辑后的文档以原文件名保存
B. 生成一个 K2.docx 文档
C. 生成一个 K.doc 文档
D. 弹出对话框，确认需要保存的位置和文件名

39. 要将编辑完成的文档某一段落间设置指定的间距，常用的解决方法是（　　）。
A. 用按回车键的办法进行分隔
B. 通过改变字体的大小进行设置
C. 用“段落-缩进和间距”命令进行设置
D. 用“字体-字符间距”命令进行设置

40. 在 Word 2007 的编辑状态下，对文字字体格式修改后，（　　）按修改后的格式显示。
A. 插入点所在的段落中的文字　　B. 文档中多有的文字
C. 修改时被选定的文字　　D. 插入点所在行的全部文字

41. 下列关于 Word“项目符号”的叙述中，不正确的是（　　）。
A. 项目符号可以改变　　B. 项目符号可在文本内任意位置设置
C. 项目符号可增强文档的可读性　　D. ●、→都可以作为项目符号

42. Excel 2007 中，为了直观地比较各种产品的销售额，在插入图标时，宜选择（　　）。

A. 雷达图　　B. 折线图　　C. 饼图　　D. 柱状图

43. 在 Excel 2007 中，下列运算符优先级最高的是（　　）。

A. :　　B. %　　C. &　　D. <>

44 ~ 45. 在 Excel 2007 中，单元格 A1，B1、A2、B2、C1、C2 中的值分别为 1、2、3、4、5、6，若在单元格 D1 中输入函数“=SUM(A1:A2,B1:C2)”，按回车键后，则 D1 单元格中的值为（ 44 ）；若在单元格 D2 中输入公式“=A1+B1=C1”，按回车键后，则 D2 单元格中的值为（ 45 ）。

44.

A. 6　　B. 10　　C. 21　　D. #REF

45.

A. 0　　B. 3　　C. 15　　D. #REF

46. 在 Excel 2007 中，设 A1 单元格中的值为 20.23，A2 单元格中的值为 60，若在 C1 单元格中输入函数“=AVERAGE(ROUND(A1,0),A2)，按回车键后，则 C1 单元格中的值为（　　）。

A. 20.23　　B. 40　　C. 40.1　　D. 60

47. 在 Excel 2007，单元格 A1、A2、A3、B1、B2、B3、C1、C2、C3 中的值分别为 12、23、98、33、76、56、44、78、87，若在单元格 D1 中输入 LARGE(A1:C3,3)则值为（　　）。

A. 12　　B. 33　　C. 78　　D. 98

48. 在 Excel 2007 中，单元格 A1、A2、A3、B1 中的值分别为 56、97、121、86，若在单元格 C1 中输入函数"=IF(B1>A1,"E",IF(B1>A2,"F","G"))"，按回车键后，则 C1 单元格中的值为（　　）。

A. E　　B. F　　C. G　　D. A3

49. 在 Excel 2007 中，单元格 A1，A2，A3，A4 中的值分别为 10、12、16、20，若在单元格 B1 中输入函数“=PRODUCT(A1:A2)/ABS(A3:A4)”，按回车键后，则 B1 单元格中的值为（　　）。

A. 22　　B. 16　　C. 30　　D. 58

50 ~ 52. 有如下 Excel 2007 工作表，在 A8 单元格中输入函数“=COUNT（B4:D7）”，按回车键后，则 A8 单元格中的值为（ 50 ）；要计算张丹的销售业绩，应在 E4 单元格中输入函数（ 51 ）。销售奖金的计算方法是某种商品销售量大于等于 70 奖励 500 元，小于 70 则没有奖励。要计算王星的销售奖金，应在 F6 单元格中输入函数（ 52 ）。

销售业绩统计表					
单价	¥150.00	¥180.00	¥200.00	销售业绩	销售奖金
商品	E	F	G		
张丹	20		42		
周海		50	22		
王星	60	75			
李娜	85		42		

50.

A. 4　　B. 6　　C. 8　　D. 12

51.

A. =SUM(B2:B4,D2:D4)

B. =SUM(B2:D2)*(SUM(B4:D4))

C. =SUMIF(B2:D2)*(SUM(B4:D4))

D. =SUMPRODUCT($B$2:$D$2,$B$4:$D$4)

52.

A. =SUM(IF(B6>70,"500"),IF(C6>70,"500"),IF(D6>70,"500"))

B. =SUMIF(IF(B6>70,"500"),IF(C6>70,"500"),IF(D6>70,"500"))

C. =IF (IF(B6>70,"500"),IF(C6>70,"500"),IF(D6>70,"500"))

D. =COUNT(IF(B6>70,"500"),IF(C6>70,"500"),IF(D6>70,"500"))

53. 在演示文稿中，插入超级链接时，所链接的目标不能是（　　）。

A. 另一个演示文稿　　B. 同一个演示文稿的某一张幻灯片

C. 其他应用的文档　　D. 某张幻灯片中的某个主题

54. 幻灯片母版是模板的一部分，它存储的信息不包括（　　）。

A. 文稿内容　　B. 颜色主题、效果和动画

C. 文本和对象占位符的大小　　D. 文本和对象在幻灯片上的放置位置

55. 当新插入的背景剪贴画遮挡原来的对象时，最适合的调整方法是（　　）。

A. 调整剪贴画的大小

B. 调整剪贴画的位置

C. 删除这个剪贴画，更换大小合适的剪贴画

D. 调整剪贴画的叠放次序，将被遮挡的对象提前

56. 用户设置幻灯片时，不能设置的是（　　）。

A. 设置幻灯片的放映范围　　B. 选择观众自行浏览方式放映

C. 设置放映幻灯片大小的比例　　D. 选择以演讲者放映方式方案

57. 下列关于 Access 主键的叙述中，不正确的是（　　）。

A. 设置多个主键可以查找不同表中的信息

B. 主键可以包含一个或多个字段

C. 设置主键的目的是保证表中所有记录都能被唯一识别

D. 如表中没有可用作唯一识别的字段，可用多个字段来组合成主键

58.（　　）属于非线性数据结构的。

A. 循环队列　　B. 带链队列　　C. 二叉树　　D. 带链栈

59. 在 Access 数据库中使用向导创建查询，数据（　　）。

A. 必须来自多个表　　B. 只能来自一个表

C. 只能来自一个表中某部分　　D. 可来自表或查询

60. 安全操作常识不包括（　　）。

A. 不扫描来历不明的二维码　　B. 不要复制保存不明作者的图片

C. 不下载不明底细的软件　　D. 不打开来历不明的电子邮件

61. 电子签名是依附于电子文书的，经组合加密的电子形式的签名，表明签名人认可该文书中的内容，具有法律效力。电子签名的作用不包括（　　）。

A. 防止签名人抵赖法律责任　　B. 防止签名人入侵信息系统

C. 防止他人伪造该电子文书　　D. 防止他人冒用该电子文书

62. 信息系统中，防止非法使用者盗取、破坏信息的安全措施要求：进不来，拿不走，改不了，看不懂。以下（　　）技术不属于安全措施。

A. 加密　　B. 压缩　　C. 身份识别　　D. 访问控制

63. 以下选项中，（　　）违背了公民信息道德，其他三项行为则违反了国家有关的法律法规。

A. 在互联网上煽动民族仇恨

B. 在互联网上宣扬和传播色情

C. 将本单位在工作中获得的公民个人信息，出售给他人

D. 为猎奇取乐，偷窥他人计算机内的信息隐私

64. （　　）不属于知识产权保护之列。

A. 专利　　B. 商标　　C. 著作和论文　　D. 定理和公式

65. 信息处理人员需要培养信息意思。信息意识的内涵一般不包括（　　）。

A. 能正确解读拥有的数据　　B. 能对异常数据特别关注或产生质疑

C. 对数据的个数非常敏感　　D. 具有记载工作和个人大事的习惯

66. 回收的问卷调查表中，很多表都是一些没有填写的项。处理缺失值的方法有多种，需要根据实际情况使用选择。对于一般性的缺值项，最常用的有效方法是（　　）。

A. 删除含有缺失值的调查表

B. 将确实的数值以该项已填诸值的平均值代替

C. 用某种统计模型的计算值来代替

D. 填入特殊标志，凡涉及该项的统计则排除这些项值

67. 某学校上学期举办了多项课外活动，每个学生获得了一个课外活动总评分值，其中最低分 61 分，最高分 138 分。为使该评分指标标准化（评分范围落在 0~100 分，60 分以上几个），使其更直观，更具有可比性（便于与科目成绩和其他学期课外活动得分计较），需要将每个学生课外活动的总评分值 x 变换成 ax+b，并将结果取整数，记录在成绩册。针对上例，在以下 4 个变换式中，选用（　　）进行标准化更合适。

A. $\dfrac{(x-61)}{77}$　　B. $\dfrac{100x(x-61)}{77}$　　C. $\dfrac{100x(x-60)}{140}$　　D. $\dfrac{100x}{140}$

68. 对比分析法是数据分析的基本方法之一。对比需要有统一的标准，（　　）是无法进行对比的。

A. 甲公司 2014 年的营业额计划与实际完成值

B. 甲公司 2014 年的营业额与乙公司 2014 年的营业额

C. 甲城市 2014 年的 GDP 增长率目标与实际增长率

D. 甲城市 2014 年的 GDP 增长值与乙城市 2014 年的 GDP 增长率

69. 为了比较甲、乙、丙三种计算机分别在品牌、CPU、内存、硬件、价格、售后服务六个方面的评分情况，宜选用（　　）图表展现。

A. 簇状柱形图　　B. 折线图或雷达图

C. 折线图或圆饼图　　D. 圆饼图或簇状柱形图

70. 某大型企业下属每个事业部都自行建立了信息系统，各自存储数据，各自配备了技术人员维护系统。由于数据格式不同，难以交流，各系统难以连接，形成了一个个信息孤岛，业务难以协同。为此，公司采用了以下一些措施，其中（　　）并不恰当。

A. 制定数据规范、定义数据标准

B. 规范采集数据方式、集中存储数据

C. 需要各部门采用同一种加工处理方法，使用同一种工具软件

D. 让数据易采集、易存储、易理解、易处理、易交流、易管理

71. （　　）is the key element for the whole society.

A. Keyboard　B. Information　C. CPU　D. Computer

72. (　　) is the brain of the computer.

A. Motherboard　B. I/O　C. CPU　D. Display

73. Generally software can be divided into two types: (　　) software and application software.

A. system　B. I/O　C. control　D. database

74. Traditional (　　) are organized by fields, record,and files.

A. documents　B. data tables　C. data sets　D. databases

75. On the Internet,users can share (　　) and communicate with each other.

A. process　B. tasks　C. resources　D. documents

习题 3

1. 以下关于数据的叙述中，不正确的是（　　）。

A. 要培养人们的信息素养，养成用数据说话的习惯。

B. 数据经济已经成为改造传统经济模式的重要手段。

C. 要努力降低企业存储数据的成本并提升数据价值。

D. 让全社会共享全部数据是社会信息化的首要目标。

2. 企业移动应用开发目标与消费者需求之间的差距属于应用鸿沟，消费者一般并不关心特定企业移动应用（APP）（　　）。

A. 使用是否快速安全　B. 软件的数量是否比上年有较大的增长

C. 操作是否方便易学　D. 产品交付和服务是否符合用户的期望

3. 智慧教育是教育信息化的发展趋势，（　　）属于智慧教育的特点。

A. 个性化教育，泛在学习　B. 标准化、大批量教育学生

C. 以教师为中心传授知识　D. 以书本为中心、以考试为目的

4. 团队中任意两人之间都有一条沟通途径。某团队有 6 人，沟通途径为（　　）条。

A. 6　B. 12　C. 15　D. 30

5. 已知 5 个自然数（可有重复）的最小值是 20，最大值是 22，平均值是 21.2，则可以推断，中位数是（　　）。

A. 20　B. 21　C. 22　D. 21 或 22

6. 19 行 19 列点阵中，外三圈点数约占全部点数的比例为（　　）。

A. 小于 10%　B. 小于 20%

C. 大于 50%而小于 60%　D. 大于 70%

7. 抽样调查的目标是（　　）。

A. 调控调查结果　B. 修正普查得到的数据

C. 缩小调查范围　D. 用样本统计量推算总体参数

8. 制造企业进行市场调查的目的一般不包括（　　）。

A. 收集销售数据以获取最大价值　B. 了解本企业在市场上的地位

C. 分析市场发展趋势，并进行预测　D. 为营销决策提供客观的依据

9. 社会化调查问卷中，对问题设计的要求一般不包括（　　）。

A. 以选择答案的问题为主　B. 问题要明确，不含糊

C. 用专业术语代替俗称　D. 不要有诱导性的提问

10. 在电子表格中输入身份证号时，宜采用的数据格式是（　　）。

A. 货币　　B. 数值　　C. 文本　　D. 科学技术

11. 某企业今年 10 月份的销售额比去年 10 月份同期增加了 5%。我们就说，该企业今年 10 月份的销售额（　　）增加了 5%。

A. 同比　　B. 环比　　C. 正比　　D. 反比

12. 某公司今年 10 月份的利润率是 44%，比上个月的 22%利润率提高了（　　）。

A. 2 倍　　B. 50%　　C. 22%　　D. 22 个百分点

13. 某班级共有 50 名学生，其中女生 20 名。以下叙述中正确的是（　　）。

A. 男生占 30%　　B. 女生占 20%

B. 男女生比例为 20：30　　D. 男女生比例为 3：2

14. 某企业需要撰写并发布某种产品市场情况的调查报告。以下各项中，除（　　）外都是对撰写调查报告的原则性要求。

A. 围绕主题，数据准备，用词恰当　　B. 说明调查时间、范围和调查方法

C. 用简介的语言和直观的图标表述　　D. 说明调查过程中克服困难的经历

15.（　　）是微机最基本最重要的部件之一，其类型和档次决定着整个微机系统的类型和档次，其性能影响这整个微机系统的性能，CPU 模块就插在其上面。

A. 系统总线　　B. 主板　　C. 扩展插槽　　D. BIOS 芯片

16. 计算机系内的用户文档是以（　　）形式存储汉字的。

A. 汉字拼音　　B. 汉字区位码　　C. 汉字内码　　D. 汉字字形码

17.（　　）接口是目前微机上最流行的 I/O 接口，具有支持热插拔、连接灵活、独立供电等优点，可以连接常见的鼠标、键盘、打印机、扫描仪、摄像头、充电器、闪存盘、MP3、手机、数码相机、移动硬盘、外置光驱、Modem 等几乎所有的外部设备。

A. PS/2　　B. LPT　　C. COM　　D. USB

18. 以下关于操作系统中回收站的概述，不正确的是（　　）。

A. 回收站是内存中的一块空间，关机后即清除。

B. 回收站中可以包含被删除的整个文件夹。

C. 可以设置直接删除文件而不放入回收站。

D. 可以选择回收站中的文件，将其恢复到原来的路径。

19. 以下文件类型中，除（　　）外，都属于可执行文件。

A. bmp　　B. com　　C. bat　　D. exe

20. 对外正式发布的文档中，PDF 格式比 docx 或 doc 格式更重要，其原因不包括（　　）。

A. 用户一般无须对其做编辑处理　　B. 跨终端显示效果能保真、一致

C. 信息安全性较强，显示速度快　　D. 便于他人摘录、修改和再利用

21. 在用户界面上鼠标操作的工作不包括（　　）。

A. 选择对象和移动对象　　B. 执行对象

C. 显示上下文相关菜单　　D. 编辑菜单

22. 用户界面常有的元素不包括（　　）。

A. 菜单　　B. 按钮　　C. 帮助　　D. 数据库

23. 磁盘清理的作用主要是（　　）。

A. 将磁盘空间碎片连成大的连续区域，提高系统效率。

B. 扫描检查磁盘，修复文件系统的错误，恢复坏扇区。

C. 删除大量没有用的临时文件和程序，释放磁盘房间。

D. 重新划分磁盘分盘，形成 C、D、E、F 等逻辑磁盘。

24. 以下诸项，除（　　）外都属于计算机维护常识。

A. 计算机系统的配置应保持不变　　B. 打印机不用时应断开电源

C. 计算机长期不用时应遮罩防尘　　D. 计算机周围应留出散热空间

25. 计算机使用一段时间后发现，系统启动是变长，系统响应迟钝，应用程序运行缓慢，为此，需要进行系统优化，系统优化工作不包括（　　）。

A. 升级已加载的所有应用软件　　B. 卸载不在使用的程序

C. 关闭不需要的系统服务　　D. 经常清除系统垃圾

26. 以下分析处理计算机故障的基本原则不正确的是（　　）。

A. 先静后动。先不加电做静态检查，再加电做动态检查

B. 先易后难。先解决简单的故障，后解决负载的故障

C. 先主后辅。先检查主机，后检查外设

D. 先外后内。先检查外观，再检查内部

27. 下列关于 Windows 7 屏幕保护程序的叙述中，不正确的是（　　）。

A. 屏幕保护程序可使显示器处于节能状态

B. 屏幕保护程序是用于保护计算机屏幕的一种程序

C. Windows 7 提供了三维文字、气泡、彩带等屏幕保护动画

D. 超过设置的等待时间，显示器将自动退出屏幕保护状态

28. Windows 7 文件夹采用（　　）目录结构。

A. 树型　　B. 网状　　C. 线性　　D. 嵌套

29. Windows 7“资源管理器”可以（　　）。

A. 管理内存　　B. 调整计算机设置

C. 管理进程　　D. 配置数据库

30. 下列关于 Windows 7 搜索功能的叙述中，正确的是（　　）。

A. 在搜索条中不输入任何内容，按回车键后，可以搜索计算机上所有文件

B. 使用搜索功能可以方便用户快速查找文件

C. 可以按图像特征搜索图像

D. 输入的关键词越多，显示的内容也会更多

31. 在路由器互联的多个局域网中，通常每个局域网中的（　　）。

A. 数据链路层和物理层协议必须相同。

B. 数据链路层协议必须相同，物理层协议可以不同。

C. 数据链路层协议可以不同，物理层协议必须相同。

D. 数据链路层和物理层协议都可以不同。

32. www 客户和 www 服务间的信息传输使用（　　）协议。

A. HTML　　B. HTTP　　C. SMTP　　D. IMAP

33.（　　）不是数字签名的功能。

A. 防止发送方的抵赖行为　　B. 接受方身份确认

C. 发送方身份确认　　D. 保证数据的完整性

34. 打开 Word 2007 文档是指（　　）。

A. 把文档的内容从内存中读出，并打印出来。

B. 为指定文件开设一个新的、空的文件窗口。

C. 把文档的内容从磁盘调入内存，并显示出来。

D. 显示并打印指定文档的内容。

35. （　　）环境支持 Word 2007 运行。

A. DOS　　B. Windows 7　　C. Windows 98　　D. Linux

36. Word 2007 定时自动保存功能的作用是（　　）。

A. 在设定时刻自动地为用户保存文档，以减少用户的工作量。

B. 在设定时刻为用户自动备份文档，以供恢复计算机时使用。

C. 为防意外而保存所有文档备份，以供恢复操作系统时使用。

D. 每隔一定时间自动保存文档备份。

37. 将 Word 2007 文档中部分文本内容复制到其他地方，先要进行的操作是（　　）。

A. 粘贴　　B. 复制　　C. 剪贴　　D. 选择文本

38. 在剪辑 Word 2007 文档时，若多次使用剪贴板移动文本内容，当操作结束时，剪贴板中的内容为（　　）。

A. 空白　　B. 第一次移动的文本内容

C. 最后一次移动的文本内容　　D. 所有被移动的文本内容

39. 选定一个段落的含义是（　　）。

A. 选定段落中的全部内容　　B. 选定段落标记

C. 将插入点移到段落中　　D. 选定包括段落前后空行在内的整个内容

40. 下列关于 Word 2007 打印预览和打印的叙述中，正确的是（　　）。

A. 必须退出预览状态后才可以打印

B. 在打印预览状态也可以直接打印

C. 只能在打印预览状态中打印

D. 打印预览状态不能调整页边距设置

41. 在 Word 2007 中，字符样式应用于（　　）。

A. 插入点所在的段落　　B. 选定的文本

C. 插入点所在的节　　D. 整篇文档

42. 下列关于 Word 2007 绘图功能的叙述中，不正确的是（　　）。

A. 可以在回执的矩形框内添加文字

B. 多个图形重叠时，可以设置它们的叠放次序

C. 可以给自己绘制的图形设置立体效果

D. 多个图形组合合成一个图形后就不能再分解了

43. 下列关于 Word 2007 表格功能的叙述中，不正确的是（　　）。

A. 可以在 Word 文档中插入 Excel 电子表格

B. 可以在表格的单元格中插入图形

C. 可以将一个表格拆分成两个或多个表格

D. 表格中填入公式后，若表格数值改变，与 Excel 表格一样会自动重新计算结果

44. 在 Excel 2007 中，（　　）是比较运算符。

A. ：　　B. %　　C. &　　D. <>

45～46. 在 Excel 2007 中，设单元格 A1、B1、C1、A2、B2、C2 中的值分别为 1、3、5、7、9、5，若在单元格 D1 中输入函数“=AVERAGE(A1:C2)”，按回车键后，则 D1 单元格中的值为（45）；若在单元格 D2 中输入公式“=SUM(A1:B2)-C1-C2”，按回车键后，则 D2 单元格中的值为（46）。

45. A. 5　　B. 10　　C. 15　　D. 30

46. A. 2　　B. 2　　C. 5　　D. 10

47. 在 Excel 2007 中，设 A1 单元格中的值为 20.23，A2 单元格中的值为 60，若在 C1 单元格中输入函数“=INT(A1)+A2”，按回车键后，则 C1 单元格中的值为（　　）。

A. 60　　B. 80　　C. 81　　D. 80.23

48. 在 Excel 2007 中，在单元格 A1 中输入函数“=POWER(2,3)/MAX(1,2,4)”，按回车键后，则 A1 单元格中的值为（　　）。

A. 1　　B. 2　　C. 3　　D. 4

49. 在 Excel 2007 中，在单元格 A1 中输入函数“=LEN("信息处理技术员")”，按回车键后，则 A1 单元格中的值为（　　）。

A. 7　　B. 信息　　C. 信息处理　　D. 信息处理技术员

50. 在 Excel 2007 中，若单元格 A1 中输入函数“=MIN(4,8,12,16)/ROUND(3.5,0)”,按回车键后，则 A1 单元格中的值为（　　）。

A. 1　　B. 4　　C. 8　　D. 16

51～53. 有如下 Excel 2007 工作表，在 A13 单元格中输入函数“COUNTA(B3:B12)”，按回车键后，则 A13 单元格中的值为（51）；要统计女参赛选手的数量，应在 B13 中输入函数（52）；若要在比赛成绩大于等于 90 对应的“备注”单元格中显示“进入决赛”，否则不显示任何内容，则应在 D3 单元格中输入函数（53），按回车键后再往下自动填充。

	A	B	C	D
1	某竞赛成绩统计表			
2	选手号	性别	成绩	备注
3	A1	男	82	
4	A2	女	96	进入决赛
5	A3	女	88	
6	A4	男	93	进入决赛
7	A5	男	97	进入决赛
8	A6	女	94	进入决赛
9	A7	男	89	
10	A8	女	85	
11	A9	男	91	进入决赛
12	A10	男	90	进入决赛

51. A. 4　　B. 6　　C. 8　　D. 10

52. A. =COUNTIF(B3:B12,"女")

B. =SUM(B3:B12,"女")

C. =COUNT(B3:B12,"女")

D. =SUM IF(B3:B12,"女")

53. A. IF(C3>=90,"进入决赛")　　B. IF(C3>=90,IF("进入决赛"," "))

C. IF(C3>=90,"进入决赛"," ")　　D. IF((C3:C12)>=90,"进入决赛"))

54. 幻灯片主题不包括（　　）。

A. 主题动画　　B. 主题颜色　　C. 主题字体　　D. 主题效果

55. 演示文稿中，不可以在（　　）上设置超级链接。

A. 文本　　B. 背景　　C. 图形　　D. 剪贴画

56. 在空白幻灯片中，不可以直接插入（　　）。

A. 文本框　　B. 数据库　　C. 艺术字　　D. 表格

57. 职工的“工资级别”与职工的联系是（　　）。

A. 一对一联系　　B. 一对多联系　　C. 多对多联系　　D. 无联系

58. Access 管理的对象是（　　）。

A. 文件　　B. 数据　　C. 记录　　D. 查询

59. 某书店管理系统用（书号，书名，作者，出版社，出版日期，库存数量……）一组属性来描述“图书”，宜选（　　）作为主键。

A. 书号　　B. 书名　　C. 作者　　D. 出版社

60. 以下关于信息安全的叙述中，不正确的是（　　）。

A. 随着移动互联网和智能终端设备的迅速普及，信息安全隐患日益严峻。

B. 预防系统突发事件，保证数据安全，已成为企业信息化的关键问题。

C. 人们常说，信息安全措施是“七分技术、三分管理”。

D. 保护信息安全应该贯穿于信息的整个生命周期。

61. 信息安全操作常识不包括（　　）。

A. 不要扫描来历不明的二维码　　B. 不要复制、保存不明作者的图片

C. 不要下载安装不明底细的软件　　D. 不要打开来历不明的电子邮件

62. 国家大型博物馆存放有大量珍贵文物。为安全管理文物，可采用（　　）技术，一旦文物被移动，能自动记录。若是非法移动，则会自动报警。

A. 数据库　　B. 条形码　　C. 移动存储　　D. 物联网

63. 根据我国著作权法规定，侵犯他人著作权所承担的赔偿责任属于（　　）。

A. 道德责任　　B. 民事责任　　C. 行政责任　　D. 刑事责任

64. 党政机关公文格式标准（GB/T 9704—2012）属于（　　）。

A. 参考标准　　B. 行业标准　　C. 国家标准　　D. 国际标准

65 ~ 66. 某机构对 2014 年若干地区公众科学素养按照有关的评价标准进行了抽样调查。下图展示了甲、乙、丙、丁四个地区五个年龄段成人科学素养的评估结果。根据该图可以看出，（65）地区公众科学素养有最高值，（66）地区各年龄段科学素养的差距较小。

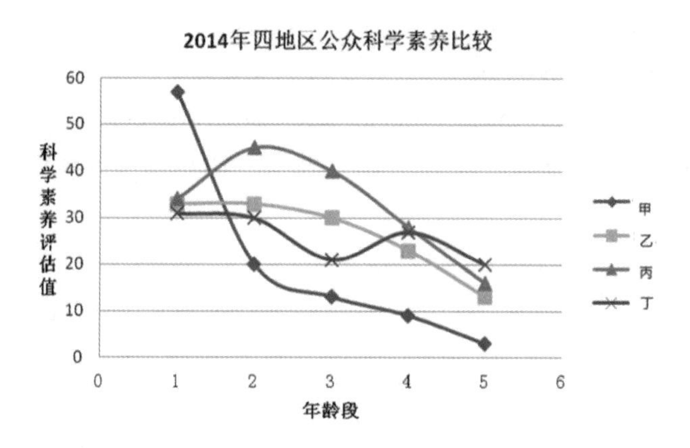

65. A. 甲　　B. 乙　　C. 丙　　D. 丁

66. A. 甲　　B. 乙　　C. 丙　　D. 丁

67. 某信息处理项目的计划进度曲线如下图（以时间为横轴，已完成任务的比例为纵轴）。设A点是项目中期检查实际到达之处（位于计划进度曲线的左侧），则检查的结论是（　　）。

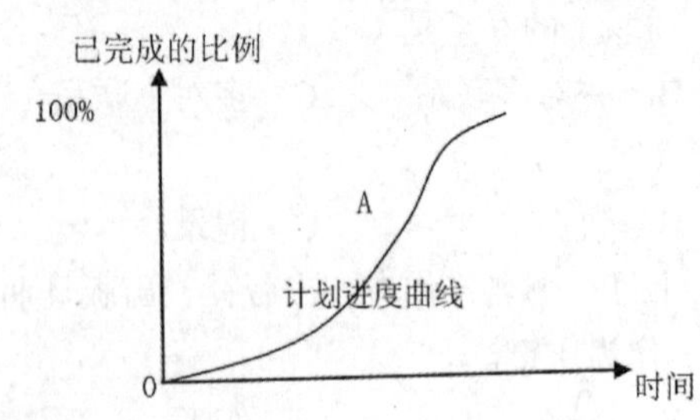

A. 实际进度比计划进度有所提前

B. 实际进度比计划进度有所推迟

C. 尚未完成计划应达到的工作量

D. 实际刚好完成了计划的工作量

68. 某企业有多个信息处理项目要做，选择优先项目的主要决定因素是（　　）。

A. 成本　　B. 收益　　C. 时间　　D. 企业战略

69. 甲、乙、丙三人分别投资1万元、1.4万元、1.6万元合伙做生意，并约定按投资比例分红。1年后，共获利5万元，因此按约定，乙分得（　　）万元。

A. 1.5　　B. 1.75　　C. 2　　D. 2.25

70. 为展示某企业五个部门上半年计划销售额与实际销售额情况，宜采用（　　）。

A. 堆积折线图　　B. 分离型饼图

C. 带平滑线的散点图　　D. 簇状柱形图

71. Most personal computers are equipped with a （　　） as the primary input device.

A. CPU　　B. Mouse　　C. Keyboard　　D. Display

72. Operating systems provide（　　）between users and the computer.

A. a link　　B. an interface　　C. devices　　D. applications

73. With techniques for running applications on most PC,you can（　　） a desktop icon or select the application from a menu.

A. open　　B. close　　C. click　　D. double-click

74. Any file that travels with an e-mail message is called an e-mail（　　）.

A. attachment　　B. page　　C. writing　　D. document

75. （　　）describes how to interact with the information system to accomplish specific tasks.

A. System specification　　B. Program specification

C. User guide　　D. System document